MARINO H. CATARINO

TEORIA DOS
GRAFOS

Freitas Bastos Editora

Copyright © 2025 by Marino H. Catarino.
Todos os direitos reservados e protegidos pela Lei 9.610, de 19.2.1998.
É proibida a reprodução total ou parcial, por quaisquer meios,
bem como a produção de apostilas, sem autorização prévia,
por escrito, da Editora.
Direitos exclusivos da edição e distribuição em língua portuguesa:
Maria Augusta Delgado Livraria, Distribuidora e Editora

Direção Editorial: *Isaac D. Abulafia*
Gerência Editorial: *Marisol Soto*
Copidesque e Revisão: *Doralice Daiana da Silva*
Diagramação e Capa: *Julianne P. Costa*

Dados Internacionais de Catalogação na Publicação (CIP)
de acordo com ISBD

```
C357t  Catarino, Marino H.
           Teoria dos Grafos / Marino H. Catarino. - Rio de
       Janeiro, RJ : Freitas Bastos, 2025.
           280 p. : 15,5cm x 23cm.

           Inclui bibliografia.
           ISBN: 978-65-5675-467-3
           1. Matemática. 2. Teoria dos Grafos. I. Título.
2025-44                                            CDD 512
                                                   CDU 51
```

Elaborado por Odilio Hilario Moreira Junior - CRB-8/9949

Índices para catálogo sistemático:
1. Matemática 512
2. Matemática 51

Freitas Bastos Editora
atendimento@freitasbastos.com
www.freitasbastos.com

SUMÁRIO

1. INTRODUÇÃO **15**
   1.1 Definição de Grafos... 22
      1.1.1 Direcionamento de grafos 26
      1.1.2 Ordem e tamanho de um grafo 27
   1.2 Propriedades dos grafos... 29
      1.2.1 Grau de um grafo 29
      1.2.2 Laço de um grafo 33
      1.2.3 Passeio, trilha e caminho em um grafo 34
   1.3 Conclusões 43

2. REPRESENTAÇÃO DE GRAFOS **45**
   2.1 Matriz de adjacência... 47
      2.1.1 Definição de matriz 47
      2.1.2 Matriz em grafo não orientado 49
      2.1.3 Matriz em grafo ponderado 54
      2.1.4 Matriz de adjacência em dígrafos 56
   2.2 Listas de adjacências 58
      2.2.1 Vetores... 59
      2.2.2 Vetor de lista de adjacências 60
      2.2.3 Grafo ponderado 62
      2.2.4 Grafos não direcionados 63
   2.3 Densidade de um grafo 64
      2.3.1 Densidade de grafos direcionados.................... 64
      2.3.2 Densidade de grafos não direcionados 67
   2.4 Conclusões 68

3. TIPOS DE GRAFOS **69**
   3.1 Grafo nulo... 69

3.2 Grafo completo 70
3.3 Grafo conexo e desconexo 71
3.4 Subgrafo 71
3.5 Grafo bipartido 73
3.6 Grafo rotulado 74
3.7 Grafos isomorfos 75
3.8 Grafo regular 78
3.9 Multigrafo 79
3.10 Grafos planares 80
3.11 Grafo complementar 81
3.12 Modelagem de aplicações usando Grafos 82
   3.12.1 Modelagem de circuitos elétricos 83
   3.12.2 Modelagem de estruturas químicas 84
   3.12.3 Redes de computadores 84
   3.12.4 Redes sociais.. 85
   3.12.5 Engenharia de software 87
3.13 Conclusões 88

4. CAMINHOS EM GRAFOS 89
4.1 Caminhos de grafos 89
   4.1.1 Fecho transitivo 91
4.2 Ciclos Eulerianos 95
   4.2.1 Grafo não orientado 96
   4.2.2 Grafo orientado 98
4.3 Ciclos Hamiltonianos 99
   4.3.1 Teorema de Dirac 101
   4.3.2 Teorema de Ore 104
   4.3.3 Teorema de Bondy & Chvátal 106
4.4 Problema do Caixeiro-Viajante 106
   4.4.1 Vizinho mais próximo 109
   4.4.2 Heurística de Christofides 121
4.5 Problema do Carteiro Chinês 121
   4.5.1 PCC em grafo não orientado 122
4.6 Conclusões 131

5. COLORAÇÃO 133
5.1 Coloração de vértices 139

5.2 Coloração de mapas 151
   5.2.1 Teorema das quatro cores 157
   5.2.2 Algoritmo guloso para colorir mapas 163
5.3 Coloração de arestas 164
5.4 Conclusões 172

6. ÁRVORES 174
6.1 Floresta 175
6.2 Árvore rotulada 178
6.3 Árvore com raiz 180
6.4 Ponte 181
6.5 Árvore geradora 183
   6.5.1 Código de Prüfer 184
   6.5.2 Recuperação a partir do código de Prüfer 192
   6.5.3 Algoritmo de Prim 197
   6.5.4 Algoritmo de Kruskal 204
6.6 Conclusões 213

7. BUSCA EM GRAFOS 214
7.1 Busca em Largura 214
7.2 Busca em Profundidade 225
7.3 Algoritmo de Dijkstra 234
7.4 Algoritmo de Bellman-Ford 245
7.5 Algoritmo A* 253
7.6 Algoritmo de busca uniforme 254
7.7 Conclusões 254

8. FLUXO EM REDES 256
8.1 Emparelhamento 256
8.2 Fluxo em redes 261
8.3 Problema do Fluxo Máximo 262
   8.3.1 Algoritmo Ford-Fulkerson 265
8.4 Algoritmo de Christofides para o problema
   do caixeiro-viajante 272
8.5 Conclusões 277

REFERÊNCIAS 279

LISTA DE FIGURAS

Figura 1.1: Mapa de Königsberg de 1581. 15
Figura 1.2: Mapa de Königsberg do século XVIII 16
Figura 1.3: Representação de um grafo 17
Figura 1.4: Abstração das pontes de Königsberg. 18
Figura 1.5: Pontes de Königsberg com as identificações dos elementos. 18
Figura 1.6: Representação das sete pontes de Königsberg. 19
Figura 1.7: Isômero de Butano.. 21
Figura 1.8: Grafo representando as conexões entre SP e RJ 21
Figura 1.9: Grafo simples... 23
Figura 1.10: Grafo de parentesco 24
Figura 1.11: Exemplo de grafo 25
Figura 1.12: Grafo não direcionado 26
Figura 1.13: Grafo direcionado 27
Figura 1.11: Grafo... 28
Figura 1.14: Grafo G3 30
Figura 1.15: Dígrafo.. 31
Figura 1.16: Vértice C tendo como entrada o vértice B. ... 32
Figura 1.17: Grau de entrada e saída do vértice C. 32
Figura 1.18: Laço no vértice B em um grafo..................... 33
Figura 1.19: Passeio em um grafo não direcionado. 34
Figura 1.20: Passeio fechado em um grafo. 35
Figura 1.21: Grafo não direcionado. 36
Figura 1.22: Caminho em um grafo não direcionado. 37
Figura 1.23: Dígrafo. 38
Figura 1.24: Grafo com passeio F-D-C............................... 39
Figura 1.25: Grafo com passeio F-D-A-B-E-D-C. 40

Figura 1.26: Grafo ponderado. 41
Figura 1.27: Exemplo de ciclo em um grafo. 43
Figura 2.1: Grafos de uma rede de coautoria de
 artigos publicados na área de computação. ... 46
Figura 2.2: Matriz. 48
Figura 2.3: Grafo simples...49
Figura 2.4: Identificação dos vértices na matriz
 de adjacência. 50
Figura 2.5: Representação do deslocamento na matriz
 de adjacência. 51
Figura 2.6: Grafo simples com laço. 54
Figura 2.7: Grafo ponderado. 55
Figura 2.8 Grafo direcionado. 56
Figura 2.9: Dígrafo com comportamento de grafo
 não orientado. 58
Figura 2.10: Dígrafo. 60
Figura 2.11: Dígrafo e sua lista de adjacências. 61
Figura 2.12: Dígrafo ponderado e sua lista de
 adjacências... 62
Figura 2.13: Grafo não direcionado e sua lista de
 adjacências... 63
Figura 2.14: Grafo não direcionado e sua lista
 de adjacências.. 65
Figura 2.15: Grafo completo. 66
Figura 2.16: Grafo não direcionado................................. 67
Figura 3.1: Grafo nulo. 69
Figura 3.2: Exemplos de grafos completos. 70
Figura 3.3: Exemplos de grafos conexo e desconexo.........71
Figura 3.4: Subgrafo B-C-D. 72
Figura 3.5: Grafo bipartido... 74
Figura 3.6: Grafo rotulado. 75
Figura 3.7: Exemplo de grafos isomorfos......................... 76
Figura 3.8: Exemplo de grafos isomorfos......................... 77
Figura 3.9: Grafo regular de grau 3. 79
Figura 3.10: Multigrafo. 80
Figura 3.11: Grafo planar e grafo plano............................ 81

Figura 3.12: Grafo G e seu grafo complementar. 82
Figura 3.13: Grafo de um circuito elétrico. 83
Figura 3.14: Grafo de uma fórmula química. 84
Figura 3.15: Grafo de uma rede de computadores. 85
Figura 3.16: Grafo de uma rede social. 86
Figura 3.17: Grafo de sequência de testes em
     engenharia de software. 87
Figura 4.1: Computação. 90
Figura 4.2: Fecho transitivo. 92
Figura 4.3: Fecho transitivo direto do vértice A3. 93
Figura 4.4: Fecho transitivo indireto para o vértice A3. ... 94
Figura 4.5: Alcançabilidade em grafo não direcionado. ... 95
Figura 4.6: Grafo das sete pontes de Königsberg. 96
Figura 4.7: Grafo das sete pontes de Königsberg. 97
Figura 4.8: Dígrafo euleriano. 98
Figura 4.9: Grafo Hamiltoniano 100
Figura 4.10: Grafo semi-hamiltoniano 101
Figura 4.11: Teorema de Dirac em um grafo
      hamiltoniano 102
Figura 4.12: Demonstração do Teorema de Dirac. 103
Figura 4.13: Demonstração do Teorema de Dirac
      por absurdo. 103
Figura 4.14: Demonstração do Teorema de Dirac. 104
Figura 4.15: Grafo hamiltoniano segundo o Teorema
      de Dirac e de Ore. 105
Figura 4.16: Exemplo do problema do caixeiro-viajante. 107
Figura 4.17: Grafo para exemplo do vizinho mais
      próximo. 110
Figura 4.18: Primeiro vértice selecionado: A. 111
Figura 4.19: Percorrendo o caminho AB. 112
Figura 4.20: Percorrendo o caminho BC. 113
Figura 4.21: Alcançando o vértice D. 114
Figura 4.22: Solução do problema do caixeiro-viajante.. 115
Figura 4.23: Primeiro vértice selecionado: B. 116
Figura 4.24: Caminho até o vértice A. 117
Figura 4.25: Caminho até o vértice C definido. 118

Figura 4.26: Caminho até o vértice D. 119
Figura 4.27: Outra solução para o problema do caixeiro-viajante.. 120
Figura 4.28: Exemplo de aplicação do Algoritmo de Fleury..123
Figura 4.29: Primeira iteração do Algoritmo de Fleury.. 124
Figura 4.30: Segunda iteração do Algoritmo de Fleury. 124
Figura 4.31: Terceira iteração do Algoritmo de Fleury. ...125
Figura 4.32: Quarta iteração do Algoritmo de Fleury. 125
Figura 4.33: Quinta iteração do Algoritmo de Fleury......126
Figura 4.34: Sexta iteração do Algoritmo de Fleury........126
Figura 4.35: Sétima e última iteração do Algoritmo de Fleury...127
Figura 4.36: Grafo não euleriano. 128
Figura 4.37: Primeira iteração em um grafo não euleriano. 128
Figura 4.38: Segunda iteração em um grafo não euleriano. 129
Figura 4.39: Terceira iteração em um grafo não euleriano. 129
Figura 4.40: Quarta, quinta e sexta iteração em um grafo não euleriano............................ 130
Figura 4.41: Última iteração em um grafo não euleriano. 131
Figura 5.1: Exemplos de grafo colorido. 133
Figura 5.2: Exemplo de conjunto independente máximo. 134
Figura 5.3: Obtendo o conjunto independente. 135
Figura 5.4: Demarcação da primeira intervenção. 136
Figura 5.5: Remoção dos vértices A, F e G......................137
Figura 5.6: Verificando a adjacência do vértice B com o vértice F. 138
Figura 5.7: Demarcação dos vértices adjacentes do vértice B. 138
Figura 5.8: Exemplo de coloração de vértices. 141
Figura 5.9: Colorindo o vértice A. 142

Figura 5.10: Colorindo o vértice B. 142
Figura 5.11: Colorindo o vértice C. 143
Figura 5.12: Colorindo o vértice D. 143
Figura 5.13: Colorindo o vértice E. 144
Figura 5.14: Grafo com nova coloração de vértices. 145
Figura 5.15: Colorindo o grafo. 145
Figura 5.16: Grafo colorido segundo uma das ordens
    dos vértices. 146
Figura 5.17: Grafo para verificar se é bipartido. 148
Figura 5.18: Verificando se é um grafo bipartido
    colorindo o primeiro vértice. 148
Figura 5.19: Colorindo os vértices adjacentes. 149
Figura 5.20: Continuando na verificação se é bipartido. 150
Figura 5.21: Identificando que é um grafo bipartido...... 150
Figura 5.22: Grafo não bipartido............... 151
Figura 5.23: Mapa político do Brasil. 152
Figura 5.24: Identificação das capitais no mapa
    político do Brasil. 153
Figura 5.25: Conexão das capitais de cada estado do
    mapa político do Brasil. 154
Figura 5.26: Grafo dos estados do Brasil conectados
    pelas fronteiras. 154
Figura 5.27: Grafo com vértices coloridos. 156
Figura 5.28: Mapa político do Brasil 156
Figura 5.29: Grafo com vértices coloridos 158
Figura 5.30: Subgrafo M de G. 159
Figura 5.31: Troca de cores no subgrafo M de G. 159
Figura 5.32: Trocando a cor do vértice cinza-escuro
    por preto............... 160
Figura 5.33: Exemplo de grafo planar com quatro cores. 161
Figura 5.34: Exemplo de grafo planar para grafo
    dual colorido. 162
Figura 5.35: Grafo com arestas coloridas...............165
Figura 5.36: Exemplo de grafo para colorir arestas.........167
Figura 5.37: Colorindo as arestas conectadas no
    vértice A. 168

Figura 5.38: Colorindo a aresta CB conectada no vértice C. 169
Figura 5.39: Colorindo a aresta CD conectada no vértice C. 170
Figura 5.40: Colorindo a aresta CE conectada no vértice C. 170
Figura 5.41: Colorindo as arestas conectadas no vértice D. 171
Figura 5.42: Colorindo a aresta EF conectada no vértice E...................172
Figura 6.1: Árvores....................175
Figura 6.2: Floresta....................175
Figura 6.3: Árvore com vértices e arestas rotuladas. 176
Figura 6.4: Árvore com vértices e arestas rotuladas. 177
Figura 6.5: Árvores rotuladas idênticas. 179
Figura 6.6: Árvores rotuladas diferentes. 179
Figura 6.7: Árvore com raiz. 180
Figura 6.8: Ponte de um grafo....................181
Figura 6.9: Grafo não desconexo após remoção de aresta. 182
Figura 6.10: Utilizando caminho alternativo no grafo.....183
Figura 6.11: Exemplo do código de Prüfer....................185
Figura 6.12: Identificação em cinza das folhas da árvore. 186
Figura 6.13: Remoção do vértice B da árvore....................187
Figura 6.14: Remoção do vértice C da árvore. 188
Figura 6.15: Remoção do vértice E da árvore....................189
Figura 6.16: Remoção do vértice D da árvore. 190
Figura 6.17: Remoção do vértice F da árvore....................191
Figura 6.18: Árvore resultante do código de Prüfer......... 192
Figura 6.19: Obtendo a árvore resultante do código de Prüfer.................... 194
Figura 6.20: Obtendo a árvore resultante do código de Prüfer....................195
Figura 6.21: Exemplo do código de Prüfer. 196
Figura 6.22: Exemplo do algoritmo de Prim. 198

Figura 6.23: Seleção do vértice A. 199
Figura 6.24: Caminho do vértice A para o vértice B. 200
Figura 6.25: Caminho do vértice B para o vértice C. 200
Figura 6.26: Caminho do vértice B para o D. 201
Figura 6.27: Caminho do vértice D para o E. 202
Figura 6.28: Caminho do vértice D para o vértice F. 203
Figura 6.29: Exemplo do algoritmo de Kruskal. 206
Figura 6.30: Grafo desconexo obtido pelo algoritmo
            de Kruskal. 207
Figura 6.31: Inserindo a aresta EF. 208
Figura 6.32: Inserindo a aresta BC. 209
Figura 6.33: Inserindo a aresta BF e gerando um ciclo. . 210
Figura 6.34: Inserindo a aresta FG. 211
Figura 6.35: Inserindo a aresta AC e finalizando a
            árvore geradora mínima. 212
Figura 7.1: Busca em largura. 217
Figura 7.2: Iniciando a busca pelo vértice A: 217
Figura 7.3: Descobrindo os vértices B e H. 218
Figura 7.4: Explorando o vértice H. 219
Figura 7.5: Explorando o vértice B. 220
Figura 7.6: Verificando o vértice D 221
Figura 7.7: Verificando o vértice G. 222
Figura 7.8: Verificando o vértice C 223
Figura 7.9: Verificando o vértice E 224
Figura 7.10: Verificando o vértice F. 224
Figura 7.11: Grafo para busca em profundidade 226
Figura 7.12: Iniciando a busca em profundidade a
            partir do vértice A 227
Figura 7.13: Verificando no vértice B. 228
Figura 7.14: Verificando no vértice C. 229
Figura 7.15: Verificando no vértice D. 229
Figura 7.16: Demarcando a aresta DB. 230
Figura 7.17: Finalizando no vértice D. 231
Figura 7.18: Grafo para busca em profundidade 231
Figura 7.19: Grafo para busca em profundidade 232
Figura 7.20: Grafo para busca em profundidade 233

Figura 7.21: Grafo para busca em profundidade............ 233
Figura 7.22: Exemplo do algoritmo de Dijkstra............. 237
Figura 7.23: Iniciando o algoritmo pelo vértice A. 238
Figura 7.24: Partindo para o vértice B. 240
Figura 7.25 Percorrendo pelo vértice C..........................242
Figura 7.26: Continuando pelo vértice D. 243
Figura 7.27: Finalizando o algoritmo no vértice E..........244
Figura 7.28: Exemplo do Algoritmo de Bellman-Ford. ... 247
Figura 7.29: Algoritmo de Bellman-Ford entre o vértice A e o E. 250
Figura 7.30: Algoritmo de Bellman-Ford sem resposta. ...251
Figura 8.1: Emparelhamento. 257
Figura 8.2: Emparelhamento maximal............................. 258
Figura 8.3: Emparelhamento perfeito............................. 259
Figura 8.4: Emparelhamento máximo. 259
Figura 8.5: Exemplo de caminho M-aumentador. 260
Figura 8.6: Exemplo de fluxo em redes...........................261
Figura 8.7: Exemplo de fluxo em redes. 263
Figura 8.8: Melhoria na capacidade do fluxo real........... 264
Figura 8.9: Grafo para exemplo do algoritmo de Ford-Fulkerson. 266
Figura 8.10: Grafo de Ford-Fulkerson com fluxo real zerado... 267
Figura 8.11: Grafo residual G'... 267
Figura 8.12: Caminho aumentante aleatório no grafo residual G'. 268
Figura 8.13: Grafo G e grafo residual com caminho aumentante aleatório. 268
Figura 8.14: Continuação do caminho aumentante aleatório. 269
Figura 8.15: Caminho reverso do algoritmo................... 269
Figura 8.16: Novo caminho aumentante aleatório. 270
Figura 8.17: Ajuste no grafo G com valor do menor fluxo... 270
Figura 8.18: Novo grafo residual quanto à orientação dos caminhos. 271

Figura 8.19: Novo caminho no grafo G'..............................271
Figura 8.20: Fluxo máximo encontrado no grafo G. 272
Figura 8.21: Grafo para exemplo da heurística
de Christofides. 274
Figura 8.22: Árvore geradora de custo mínimo T, do
grafo G.. 274
Figura 8.23: Representação de W = G (W). 275
Figura 8.24: Grafo J. 276
Figura 8.25: Representação do grafo J no grafo
original G... 276
Figura 8.26: Aplicação do shortcut no grafo G. 277

1. INTRODUÇÃO

Para compreender bem o potencial e as propostas existentes em que se pode utilizar grafos é interessante entender sua origem e o que motivou seu surgimento.

Para isso é preciso regressar mais de duzentos anos e visitar a região da Prússia, onde iremos encontrar a cidade de Königsberg. Conforme o mapa de 1581, essa cidade possuía duas ilhas: Kneiphof e Lomse, que podiam ser acessadas por seis pontes (Figura 1.1).

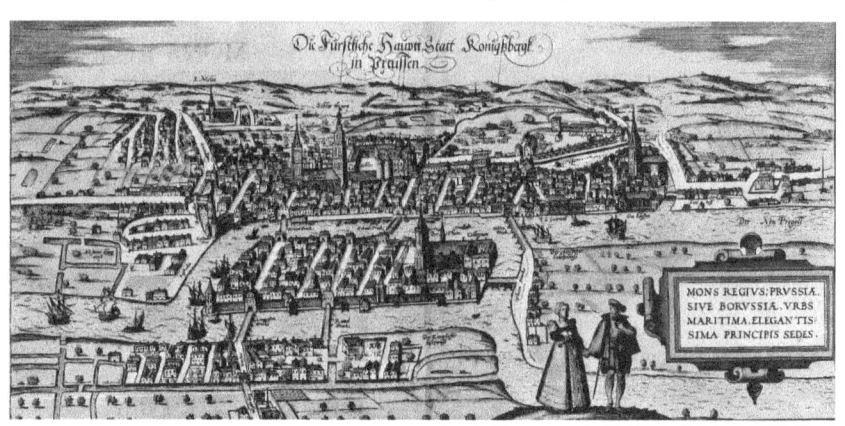

Figura 1.1: Mapa de Königsberg de 1581.

Fonte: Lukoševičius (2013).

Com o passar dos anos, outra ponte foi construída nessa mesma região, conectando uma das ilhas diretamente com outra parte do continente. Dessa forma, seis pontes interligavam as duas ilhas às margens do Rio Pregel e uma sétima fazia a conexão entre elas (Figura 1.2).

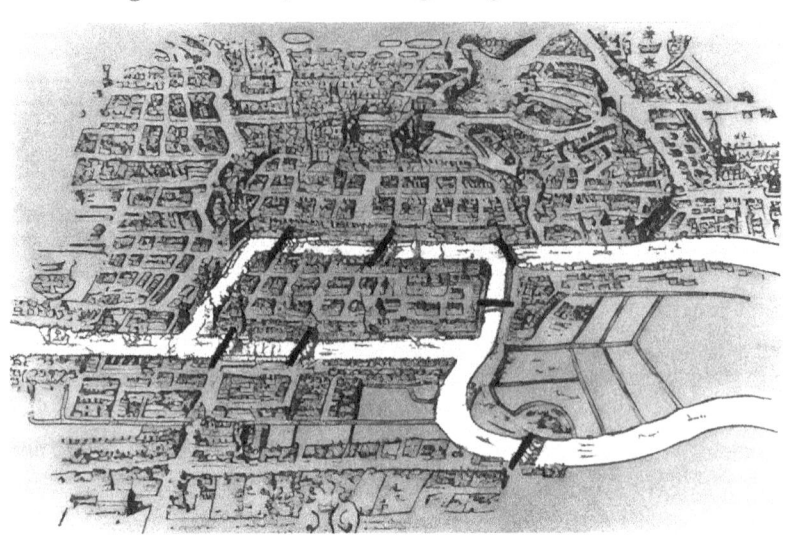

Figura 1.2: Mapa de Königsberg do século XVIII

Fonte: Easton (2023).

Por ter essa singularidade geográfica, surgiu um desafio matemático na época. O problema consistia em apresentar um caminho que percorresse cada uma das sete pontes, atravessando-a uma única vez, e conseguir retornar ao ponto de partida do caminho.

Esse desafio perdurou por dezenas de anos, sem que uma solução fosse encontrada, até que Leonhard Euler (1707 – 1782) apresentou uma proposta matemática em 1736, a qual originou a teoria dos grafos.

A ideia de Euler consistia em fazer uma modelagem do cenário, excluindo as informações não pertinentes ao problema, como a largura da ilha, o comprimento das pontes ou outros pontos que não estavam relacionados ao caminho a ser percorrido.

Nessa abstração foram definidos pontos de conexão e os elementos que os conectavam entre si, em que os vértices representam esses pontos e as arestas são os conectores.

> Os termos utilizados para se referir aos vértices e arestas podem variar conforme a definição de alguns autores. Os vértices também podem ser denominados como nós, e as arestas podem ser chamadas de arcos ou relacionamentos. Neste livro adotaremos a terminologia em grafos de vértice e aresta.

Os pontos foram representados por círculos e os elementos que os conectavam por retas, conforme representado na Figura 1.3, em que temos dois pontos: A e B, conectados pela reta a.

Figura 1.3: Representação de um grafo

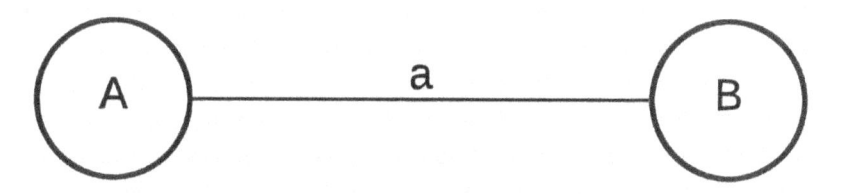

Fonte: Elaborado pelo autor.

Nessa representação, A e B são os vértices, e é a aresta que conecta os dois. No caso de Königsberg, Euler definiu que o terreno era o ponto de conexão e as pontes os elementos que os conectavam (retas), conforme visto na Figura 1.4.

18 | Teoria dos Grafos

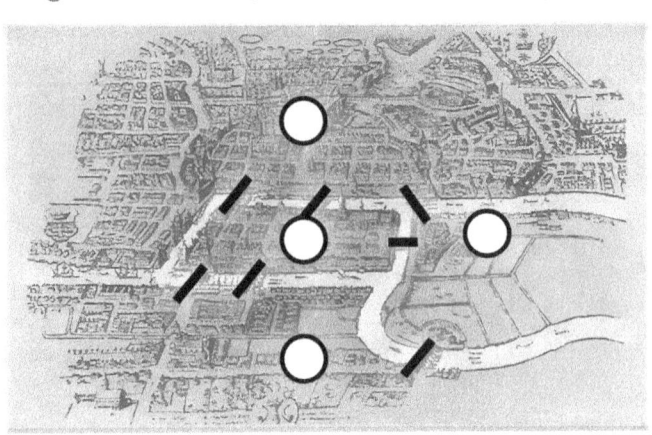

Figura 1.4: Abstração das pontes de Königsberg.

Fonte: Adaptação de Easton (2023).

Nomeando cada um desses elementos, os pontos de conexão são representados por letras maiúsculas A, B, C e D, e os conectores por letras minúsculas: a, b, c, d, e, f. A Figura 1.5 apresenta essa nomenclatura.

Figura 1.5: Pontes de Königsberg com as identificações dos elementos.

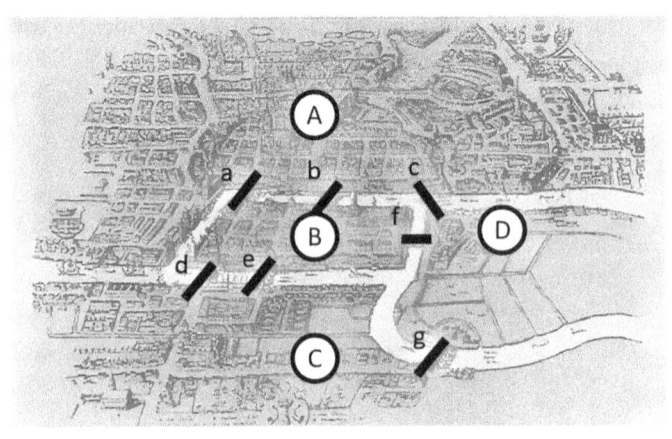

Fonte: Adaptação de Easton (2023).

Até o momento estamos utilizando como base o mapa de Königsberg. A proposta de Euler é abstrair totalmente o cenário concreto e trabalhar somente com a representação gráfica. No caso, por meio dessa nova representação, Euler obteve a imagem de um grafo representado na Figura 1.6.

Figura 1.6: Representação das sete pontes de Königsberg.

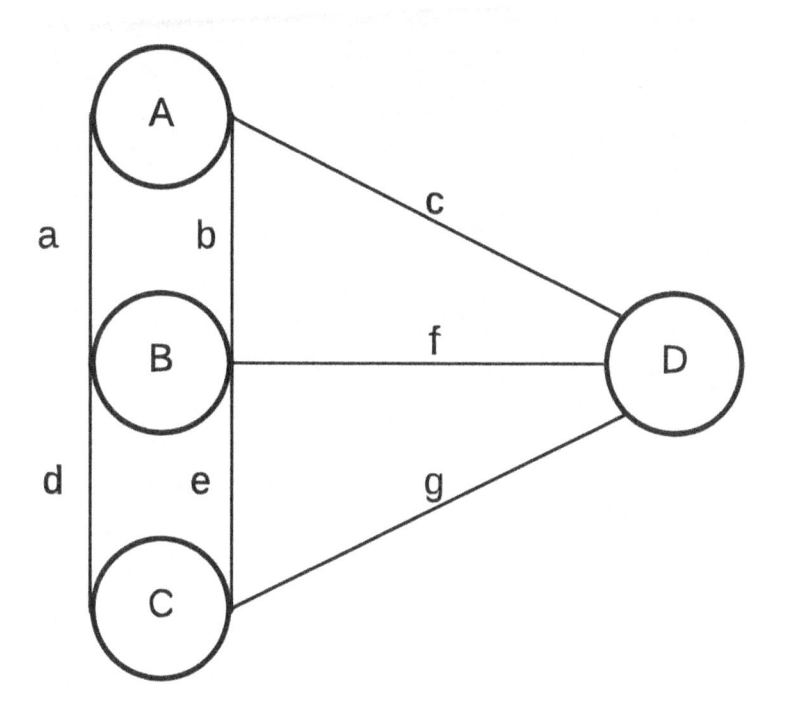

Fonte: Elaborada pelo autor.

Por meio dessa representação, Euler conseguiu provar que o problema não tinha solução ao demonstrar que o gráfico representativo não poderia ser percorrido da maneira solicitada.

Então o matemático propôs o seguinte: para percorrer cada um dos pontos (A, B, C ou D) é preciso ter duas linhas de conexão, uma entrando no ponto e outra saindo. Sendo assim, ele procurou identificar em quais tipos de grafos era possível realizar esse tipo de caminho fechado, no qual cada reta era visitada uma única vez.

O caminho com essa proposta ficou conhecido como Caminho de Euler, e um grafo que se restringe a esse caminho foi chamado de Grafo de Euler.

Com essa definição ele concluiu que cada ponto deveria ter grau par de linhas. Ou seja, um grafo conexo G é de Euler se e somente se todos os seus vértices são de grau par, e o grafo das pontes de Königsberg tem pontos de grau ímpar. Portanto, o problema não pode ter solução.

Em 1847, o físico alemão Gustav Robert Kirchhoff (1824 – 1887), originário da cidade de Königsberg, utilizou os conceitos de grafos propostos por Euler em seus estudos sobre circuitos elétricos, criando o teorema da matriz-árvore.

Posteriormente, o matemático, físico e astrônomo irlandês William Rowan Hamilton (1805 – 1865) apresentou um jogo relacionado com o conceito de grafos, o qual o jogador, utilizando um dodecaedro regular, deveria encontrar um percurso fechado que estivesse conectado com todos os vértices e que cada um deles fosse visitado somente uma vez.

Ao longo dos anos, outros pesquisadores começaram a estudar as possibilidades do uso dos grafos em seus estudos. Em 1857, o matemático britânico Arthur Cayley (1821 – 1895) utilizou a proposição de Kirchhoff, do teorema da matriz-árvores em outras aplicações relacionadas à química orgânica, publicando o artigo *On the Theory of the Analytical Forms Called Trees*.

Após mais de 30 anos, em 1889, Cayley publicou outro artigo *A Theorem on Trees* no qual foi introduzida a Fórmula de Cayley associada às árvores geradoras de um grafo completo. Entre os objetivos de seus estudos, o matemático pesquisou a enumeração dos isômeros dos hidrocarbonetos saturados que contivessem um determinado número de átomos de carbono.

Na Figura 1.7 vemos um exemplo do Butano, isômero utilizado nos estudos de Cayley.

Figura 1.7: Isômero de Butano.

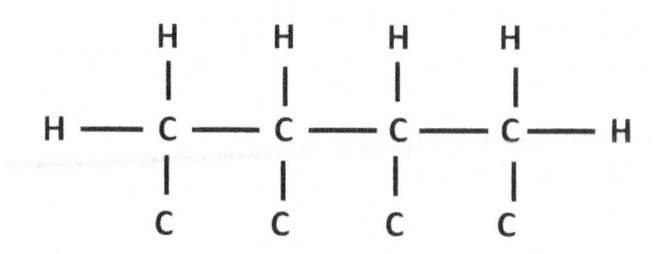

```
      H     H     H     H
      |     |     |     |
H  —  C  —  C  —  C  —  C  — H
      |     |     |     |
      C     C     C     C
```

Fonte: Elaborada pelo autor.

O conceito de converter problemas reais em elementos matemáticos pode ser amplamente utilizado. Podemos exemplificar com a conexão entre as cidades de São Paulo e o Rio de Janeiro. Cada uma delas representando um vértice e os caminhos existentes entre elas sendo as arestas, então podemos ter via terrestre, via aérea e via marítima, assim obtendo o grafo apresentado na Figura 1.8:

Figura 1.8: Grafo representando as conexões entre SP e RJ

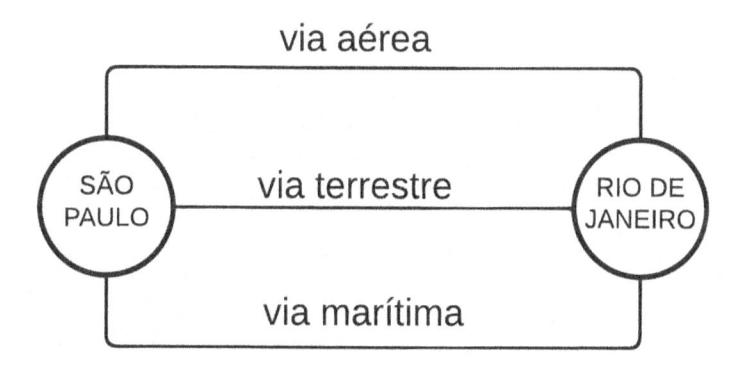

```
                via aérea
        ┌─────────────────────┐
     ╱─────╲    via terrestre    ╱─────╲
    │ SÃO   │───────────────────│ RIO DE│
    │ PAULO │                   │JANEIRO│
     ╲─────╱                     ╲─────╱
        └─────────────────────┘
                via marítima
```

Fonte: Elaborada pelo autor.

Essa possibilidade de relacionar problemas através de grafos e assim conseguir solucioná-los por meio de equações e algoritmos matemáticos torna a usabilidade dos grafos muito ampla.

Ao longo deste e dos próximos capítulos veremos exemplos e aplicações de grafos que esclarecem o porquê de sua importância e como podemos utilizar essa possibilidade matemática por meio do poder computacional para solucionar problemas reais.

1.1 Definição de Grafos

Podemos definir um grafo como um conjunto finito não vazio de vértices e outro de pares não ordenados de vértices, que são as arestas. Além disso, um grafo pode ou não possuir peso (*weight*) nas arestas.

Quando possui peso nas arestas ele se torna um grafo ponderado ou também chamado de valorado, sendo que o peso é definido pelo par (G, w), em que G se refere ao grafo e w à função que define para cada aresta de G qual é o seu peso w(e).

O peso também pode ser chamado de custo e sua importância é permitir ou definir qual o melhor caminho para percorrer um grafo conforme o peso em cada aresta.

Por exemplo, no grafo da Figura 1.8, podemos definir o peso como o tempo gasto em horas para ir do vértice São Paulo para o vértice Rio de Janeiro, assim supondo que por via terrestre são necessárias 6 horas de trajeto, por via marítima 4 horas e por via aérea apenas 1 hora despendida entre cada vértice. Por meio do peso, conseguimos definir que a melhor rota, considerando o tempo de viagem, é a via aérea.

A representação do grafo é através do par ordenado G = (V, E) em que os elementos de V = V (G) são os vértices (no inglês, *vertices*) e os elementos de E = E (G) são as arestas (no inglês, *edges*).

Cada aresta deve conter a identificação do vértice de origem e o vértice de destino, ou seja, dos vértices que conecta, e sua representação é por meio do par {v, w}, também podendo ser representado por vw.

Para exemplificar, vamos considerar o grafo apresentado na Figura 1.9, em que nomeamos cada vértice com o grau de parentesco:

PAI, MÃE e FILHO conectados através das arestas pai e mãe. Nesse exemplo, consideramos que o nome das arestas identifica o tipo de relação que conecta os vértices.

Também podemos representar as arestas seguindo o seguinte critério:

Aresta = vértice de origem – vértice de destino

Por exemplo, a aresta pai fica representada por (PAI, FILHO).

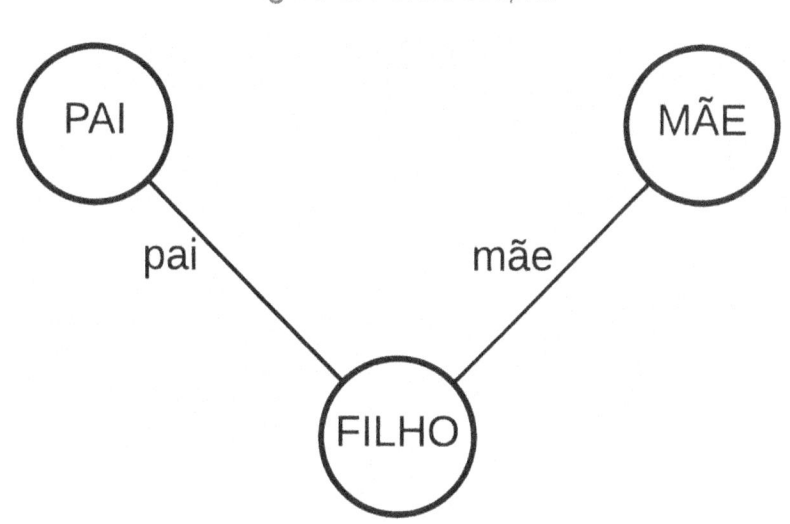

Figura 1.9: Grafo simples

Fonte: Elaborada pelo autor.

Utilizando esse grafo como exemplo, podemos representá-lo da seguinte forma: G (V, E), em que temos a regra:
V = {p | p é uma pessoa}
E = { (v,w) | < v é parente de w > }

Dessa forma, fazendo a representação para o grafo da Figura 1.9 obtemos:

V = {PAI, MÃE, FILHO}
E = { (PAI, FILHO), (MÃE, FILHO) }

Podemos adicionar um novo vértice chamado TIO, conectando o FILHO com o TIO por meio da aresta tio e adicionar outra chamada cônjuge, conectando o PAI com a MÃE, dessa forma obtemos o grafo de parentesco visto na Figura 1.10:

Figura 1.10: Grafo de parentesco

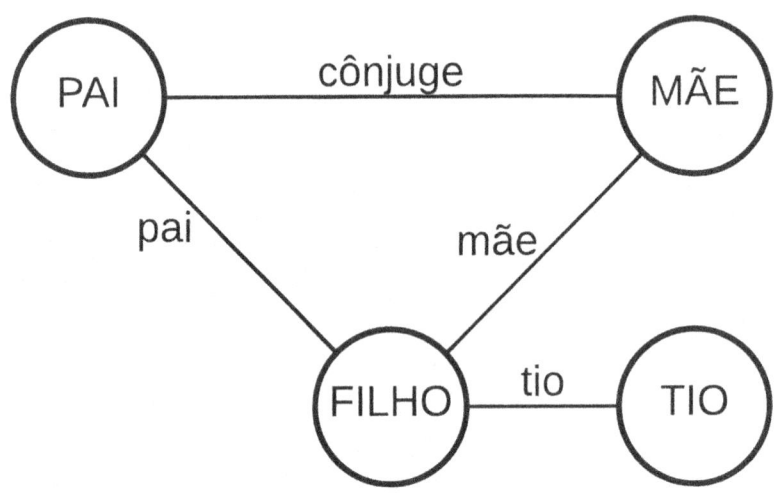

Fonte: Elaborada pelo autor.

A nova representação do grafo fica:
V = {PAI, MÃE, FILHO, TIO}
E = { (PAI, FILHO), (MÃE, FILHO), (TIO, FILHO), (PAI, MÃE) }

Embora tenhamos adicionado novos nomes para as arestas, a sua representação formal ignora essas nomenclaturas e considera somente os vértices que se encontram associados à aresta, ou seja, de onde ele sai e para onde ele entra.

Note que nomeando os vértices e arestas pelo tipo de parentesco torna-se fácil compreender a relação existente entre cada vértice. Porém as características e propriedades de um grafo são independentes desses termos. Podemos reescrever o grafo de parentesco substituindo os termos pelos seguintes:

G (V, E)
V = {A, B, C, D}
E = { (A, C), (B, C), (D, C), (A, B) }

Obtendo a seguinte representação gráfica, vista na Figura 1.11:

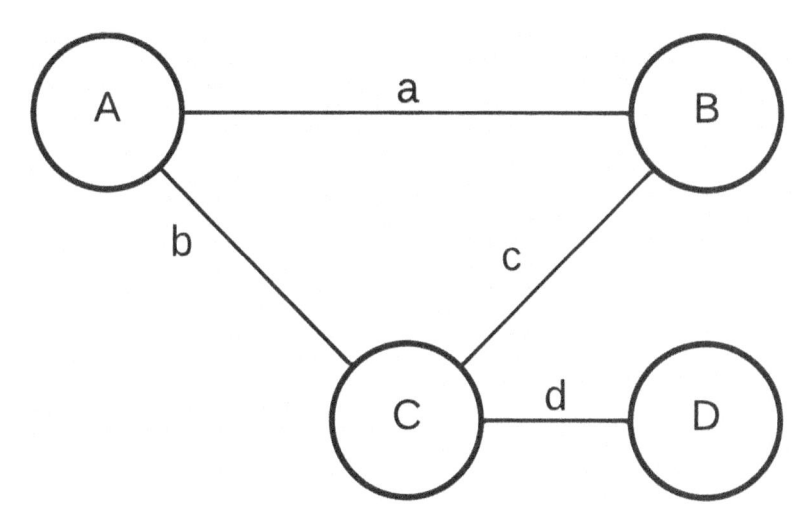

Figura 1.11: Exemplo de grafo

Fonte: Elaborada pelo autor.

Note que ambos os grafos das Figuras 1.10 e 1.11 são similares e que as denominações para os vértices e arestas não afetam a composição e propriedades deles. Estamos abstraindo de uma relação concreta, o parentesco entre as pessoas, representado por meio de um grafo para então reproduzi-lo com termos mais simples, facilitando sua reprodução.

Foi essa característica que Euler identificou e que tornou a modelagem e aplicação dos grafos tão amplamente utilizadas. É praticamente possível modelar em grafos qualquer problema e situação desde que consiga identificar o que conecta (relaciona) os vértices entre si. E depois atuar com todos os conceitos existentes e aplicáveis em grafos.

1.1.1 Direcionamento de grafos

Um grafo pode ser de dois tipos: direcionado ou não direcionado. Outros termos que se referem ao direcionamento de um grafo são: dirigido ou orientado e, na sua forma negativa, não dirigido ou não orientado.

O direcionamento de um grafo indica se a conexão entre dois vértices possui um direcionamento ou não, ou seja, se uma aresta possui um vértice de origem e outro de chegada. Um grafo direcionado também é chamado de dígrafo.

As situações de uso desses grafos direcionados são diversas, podemos exemplificar com um das ruas de uma cidade, onde nem todas são de mão dupla. Podemos ter também uma representação de hierarquia em um organograma ou até do fluxograma de um programa de computador, em que temos um processo que deve ser executado em uma determinada ordem.

Quando o grafo é não direcionado, não temos um vértice exclusivo de saída. O sentido de percorrê-lo é do vértice A para o B e vice-versa, e sua representação é como uma reta, conforme apresentado na Figura 1.12.

Figura 1.12: Grafo não direcionado

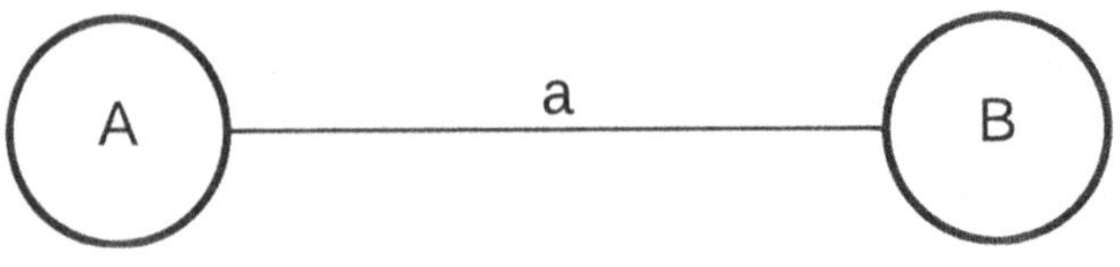

Fonte: Elaborada pelo autor.

Já em um grafo direcionado obtemos a indicação de qual é o vértice de origem e o de chegada por meio de uma seta apontando da origem para a chegada. Na Figura 1.13 vemos um exemplo com uma aresta *a* que parte de A e chega em B.

Figura 1.13: Grafo direcionado

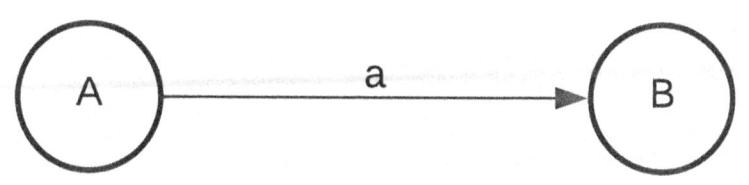

Fonte: Elaborada pelo autor.

Em um dígrafo, como temos uma seta que pode estar chegando ou saindo de um vértice, precisamos saber em que sentido essa aresta se encontra. Para isso, podemos dizer se a aresta é convergente ou divergente ao vértice.

Na Figura 1.13, a aresta *a* é divergente do vértice A e é convergente do B. Ou seja, a aresta diverge do vértice em que está saindo e converge para o que está entrando.

Com isso, em um dígrafo podemos ter dois tipos de graus para um vértice, o grau de entrada, que contabiliza todas as arestas que convergem para um determinado vértice, e o grau de saída, com a quantidade de todas as arestas que divergem de um vértice.

1.1.2 Ordem e tamanho de um grafo

Os grafos possuem propriedades que podem ser encontradas em todos eles. São pontos em comum que são utilizados para identificar as principais características de cada grafo, e com isso identificar a complexidade de cada um. A seguir, veremos essas propriedades:

Ordem: a ordem de um grafo G é obtida pelo número de vértices dele, denotado pela cardinalidade do conjunto de vértices desse grafo |V|.

Para exemplificar esses conceitos, vamos recapitular o grafo da Figura 1.11:

Figura 1.11: Grafo

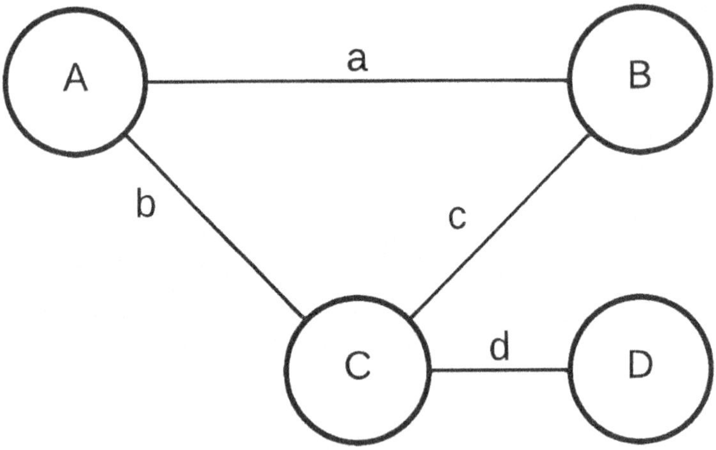

Fonte: Elaborada pelo autor.

No exemplo acima temos os vértices A, B, C e D, a cardinalidade |V| é 4, assim sua ordem é 4, sendo representada por:

Ordem (G) = 4

Tamanho: o tamanho de um grafo G é a soma da cardinalidade dos conjuntos de vértices |V| com a do conjunto de arestas |E| dele, temos então que o tamanho do grafo G é obtido por |V| + |E|.

Considerando o exemplo do grafo da Figura 1.14 temos que a cardinalidade de |V| é 4 e que a cardinalidade de |E| é 4, pois temos as arestas a, b, c e d. Dessa forma, o tamanho do grafo é obtido por |V| mais |E| = 4 + 4 = 8, podendo ser representada por:

Tamanho (G3) = |V| + |E| = 8

1.2 Propriedades dos grafos

Os grafos possuem características que os definem e auxiliam na compreensão de como as informações se encontram associadas em sua estrutura. Essa característica é importante para definir a complexidade de um problema que se encontra modelado em grafos, e com isso definir melhor a tratativa para ele.

A seguir, veremos as principais propriedades dos grafos:

1.2.1 Grau de um grafo

Conforme visto, caso o grafo seja não orientado, temos um único número que representa o grau do vértice. O grau (no inglês, *degree*) também pode ser representado por d (vértice), sendo este obtido da seguinte forma:

Grau de um vértice: é a quantidade de arestas que estão conectadas com o vértice.

No exemplo do grafo a seguir, para o vértice A temos duas arestas conectadas; a e b, assim o grau do vértice é 2, conforme representado na Figura 1.14:

Figura 1.14: Grafo G3

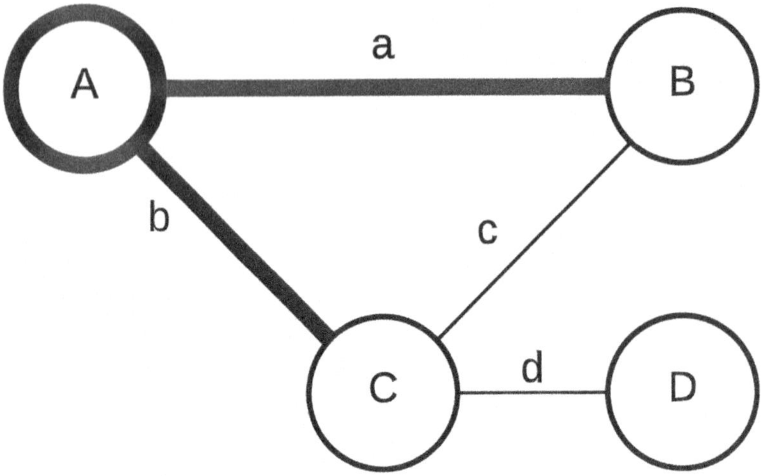

Fonte: Elaborada pelo autor.

Da mesma maneira, podemos indicar o grau de todos os vértices do grafo:

Grau (A) = 2
Grau (B) = 2
Grau (C) = 3
Grau (D) = 1

Agora, quando tivermos um grafo direcionado, ou dígrafo, cada vértice terá dois tipos de graus, o de entrada e o de saída. Vamos pegar nosso exemplo da Figura 1.14 e torná-lo um dígrafo, conforme a Figura 1.15 a seguir:

Figura 1.15: Dígrafo.

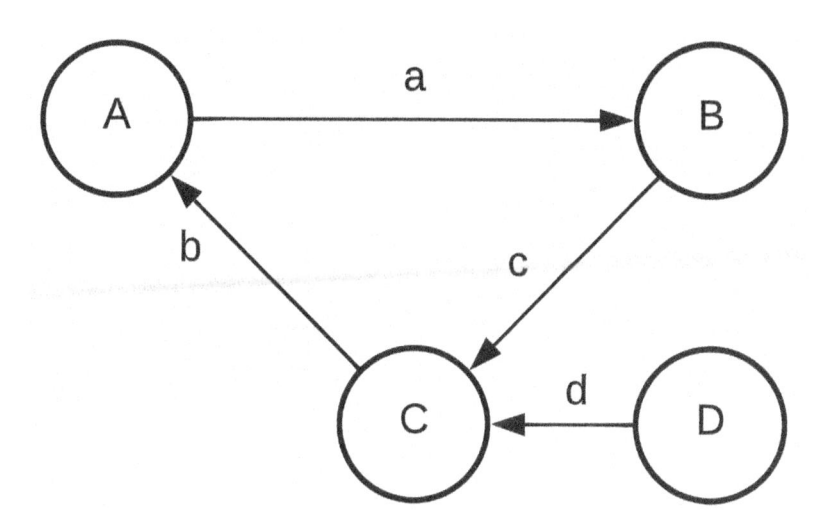

Fonte: Elaborada pelo autor.

Nesse exemplo, temos arestas convergentes e divergentes; conforme o tipo, elas são incluídas como grau de entrada ou de saída. Assim, a definição de grau desse grafo fica:

Grau de entrada (*in-degree*): para um vértice v, é o número de arestas que entram em v. Não existe uma notação padrão que indique que é o grau de entrada. Podendo utilizar ge (v).
Grau de saída (*out-degree*): para um vértice v, é número de arestas que saem de v. Podendo ser representado por gs (v).

Vamos considerar o vértice C. Temos duas arestas: c e d entrando nele (convergindo) e uma aresta b saindo (divergindo). A Figura 1.16 apresenta inicialmente o vértice B com a aresta c entrando no vértice C.

Figura 1.16: Vértice C tendo como entrada o vértice B.

Fonte: Elaborada pelo autor.

Então na Figura 1.17 temos o mesmo com o vértice D entrando em C através da aresta d. Estas arestas estão em negrito entrando em C e a aresta tracejada b saindo do vértice C para o vértice A.

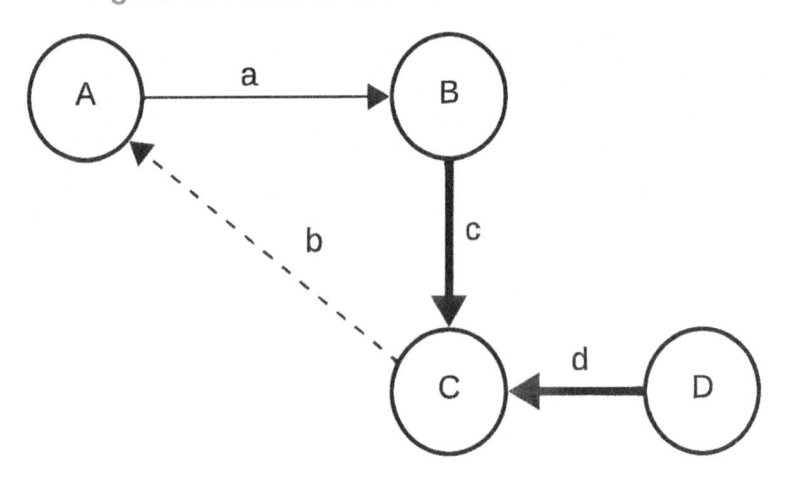

Figura 1.17: Grau de entrada e saída do vértice C.

Fonte: Elaborada pelo autor.

A representação formal para o vértice C fica:

ge (C) = 2
gs (C) = 1

Aplicando esse conceito para os demais vértices, temos como grau de entrada:

ge (A) = 1
ge (B) = 1
ge (D) = 0

e de saída:

gs (A) = 1
gs (B) = 1
gs (D) = 1

1.2.2 Laço de um grafo

Dizemos que uma aresta é um laço ou arco quando o vértice de saída é o mesmo de entrada, ou seja, é uma aresta que conecta um vértice com ele mesmo. O laço pode ocorrer em um grafo direcionado ou não direcionado. Na Figura 1.18 veremos um exemplo de laço no vértice B em um grafo direcionado:

Figura 1.18: Laço no vértice B em um grafo

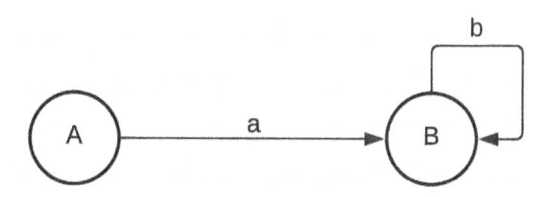

Fonte: Elaborada pelo autor.

Nessa situação, a aresta deve ser contabilizada tanto no grau de entrada quanto no grau de saída. Assim sendo:

ge (B) = 2
gs (B) = 1

1.2.3 Passeio, trilha e caminho em um grafo

Em um grafo podemos ter diversos vértices e arestas conectados entre si, tendo possibilidades de percorrê-lo de diversas formas. O conceito de passeio, trilha e caminho se aplica tanto a grafos não direcionados quanto aos direcionados.

A diferença da aplicação dos conceitos é que em um dígrafo devemos seguir o sentido das arestas, de onde saem e para onde entram.

Quando percorremos um grafo temos dois conceitos relacionados: passeio e caminho.

Passeio (*walk*): sequência finita de vértices e em qual ordem percorrer saindo de um vértice origem e alcançar um de destino. Quando o vértice de destino é consecutivo ao de origem, então temos uma aresta conectando estes dois.

Podemos representar uma aresta em um passeio da seguinte forma: sendo O o vértice de origem e D o de destino, então essa aresta é representada como O-D. Sempre à esquerda a origem da aresta e à direita o vértice de destino e então seguir a sequência de vértices.

Vamos considerar o grafo da Figura 1.19:

Figura 1.19: Passeio em um grafo não direcionado.

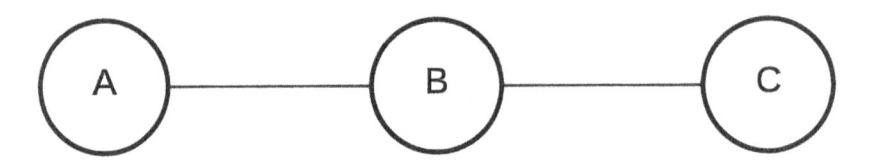

Fonte: Elaborada pelo autor.

Podemos representar o passeio do vértice A até o C omitindo a repetição do vértice de origem e destino que conecta as arestas, pois como esses são os mesmos tendo as arestas A-B e B-C representamos o passeio como:

Sequência = A-B-C

Passeio aberto (*open walk*): um passeio é considerado aberto quando o vértice de origem e de destino são diferentes, ou seja, parte de um vértice e chega em outro de distinto.

Na Figura 1.17 temos a representação de um passeio aberto, com o vértice de origem A e o vértice de destino B.

Passeio fechado (*close walk*): temos um passeio fechado quando os vértices de origem e destino são idênticos, ou seja, se um passeio começa e termina no mesmo vértice.

Na Figura 1.20 temos um exemplo de um passeio fechado, em que o vértice de origem e destino é o A, assim podemos percorrer o grafo conforme a seguinte sequência de vértices: A-B-C-A.

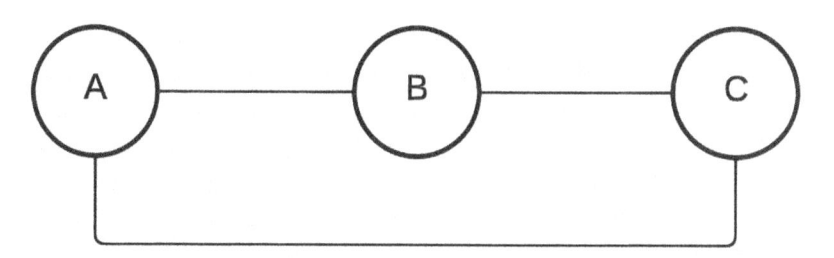

Figura 1.20: Passeio fechado em um grafo.

Fonte: Elaborada pelo autor.

Trilha (*trail*): trilha é um passeio em não ocorre repetição de arestas, porém, podem ocorrer repetição de vértices. Ou seja, um mesmo vértice pode ser visitado mais de uma vez.

Na Figura 1.21 podemos ter o seguinte passeio dado pela sequência de vértices: A-B-C-A-D-B. Note que apesar da repetição de A, B e D, não temos a repetição de arestas, dessa forma este passeio é uma trilha.

Figura 1.21: Grafo não direcionado.

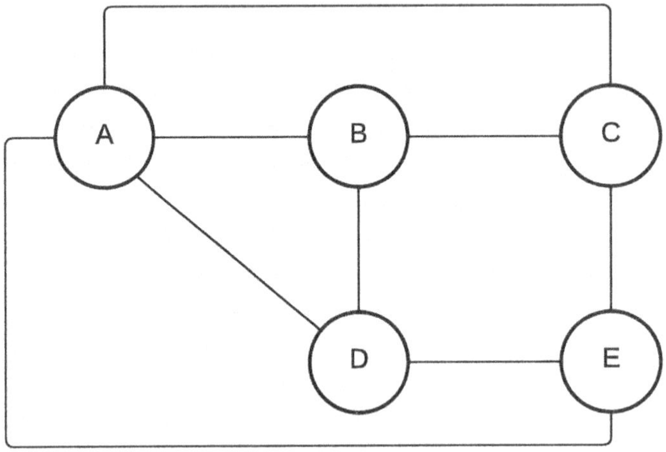

Fonte: Elaborada pelo autor.

Trilha Fechada (*close trail*): quando uma trilha tem como vértice de origem e destino o mesmo vértice então é chamada de fechada.

No grafo da Figura 1.22 vemos um exemplo de trilha fechada: A-B-D-E-C-A, tendo como origem e destino o vértice A.

Figura 1.22: Caminho em um grafo não direcionado.

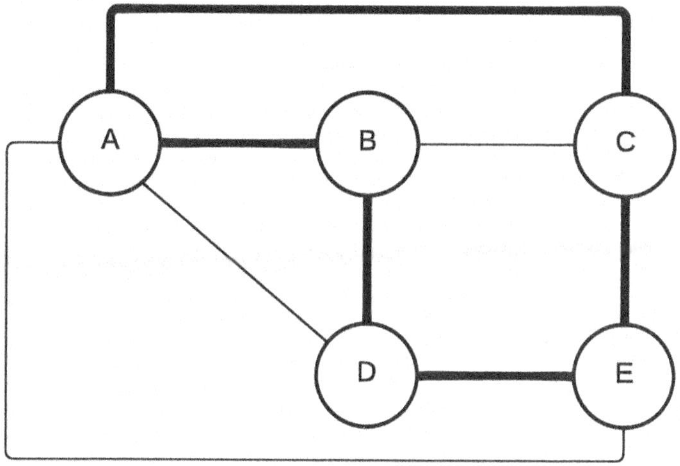

Fonte: Elaborada pelo autor.

Caminho (path): é um passeio em que todos os vértices são diferentes entre si, ou seja, que não ocorre repetição. Como não pode ocorrer repetição de vértices então não ocorrem também repetições de arestas. Neste caso, podemos dizer que o caminho vai de S a D.

Todo caminho é uma trilha, porém nem toda trilha é um caminho, pois na trilha podem ocorrer repetições de vértices.

Para ilustrar o caminho devemos indicar qual é o vértice de origem e qual o de destino, e então indicar quais arestas e em qual ordem devem ser percorridas para chegar ao objetivo final.

Para exemplificar, vamos considerar o dígrafo representado na Figura 1.23:

Figura 1.23: Dígrafo.

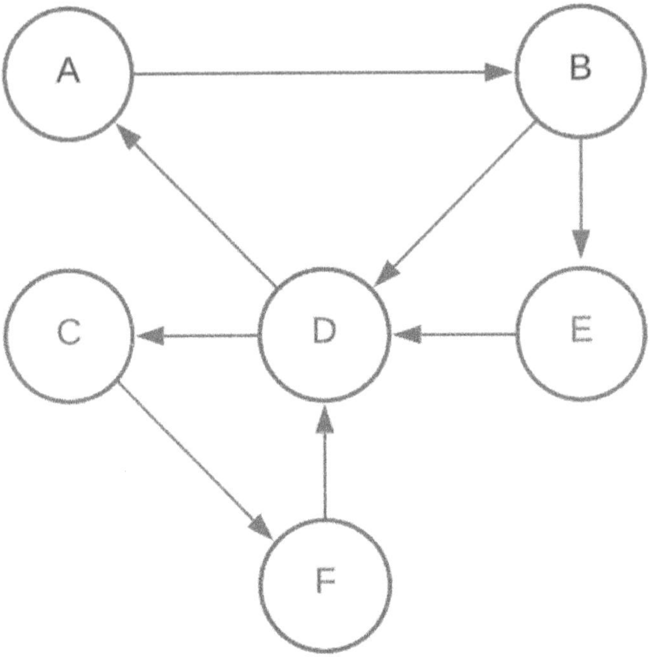

Fonte: Elaborada pelo autor.

Para esse grafo vamos considerar a seguinte situação, tendo o vértice F de origem e querendo chegar ao C de destino. Para isso, temos diversas possibilidades de passeio, representado pelas sequências de vértices:

Sequência 1 = F-D-C

Na Figura 1.24 vemos a representação do passeio F-D-C:

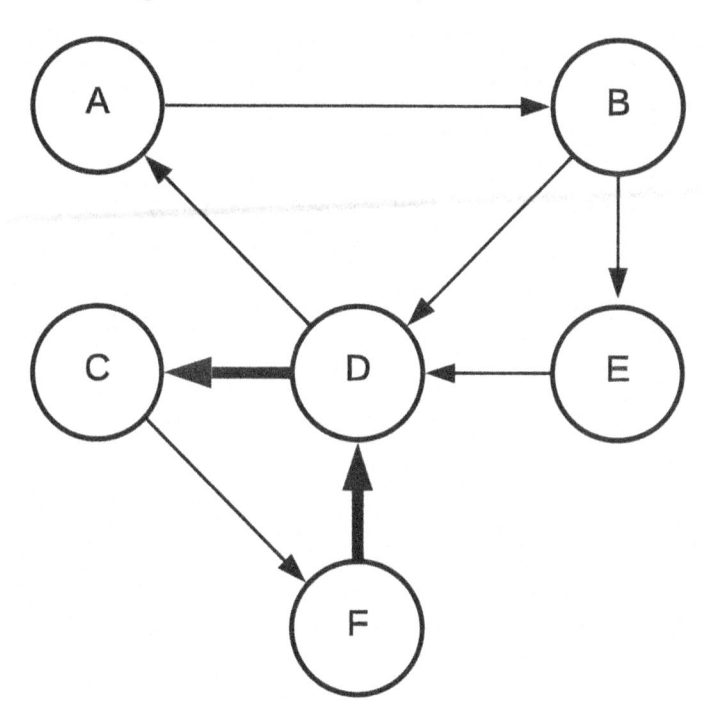

Figura 1.24: Grafo com passeio F-D-C.

Fonte: Elaborada pelo autor.

Sequência 2 = F-D-A-B-D-C
Sequência 3 = F-D-A-B-E-D-C

Na Figura 1.25, vemos a representação do passeio F-D-A-B-E--D-C. O vértice D é acessado duas vezes nessa sequência. Conforme o grau de cada vértice, podemos ter vários passeios que fazem cruzamento entre seus vértices.

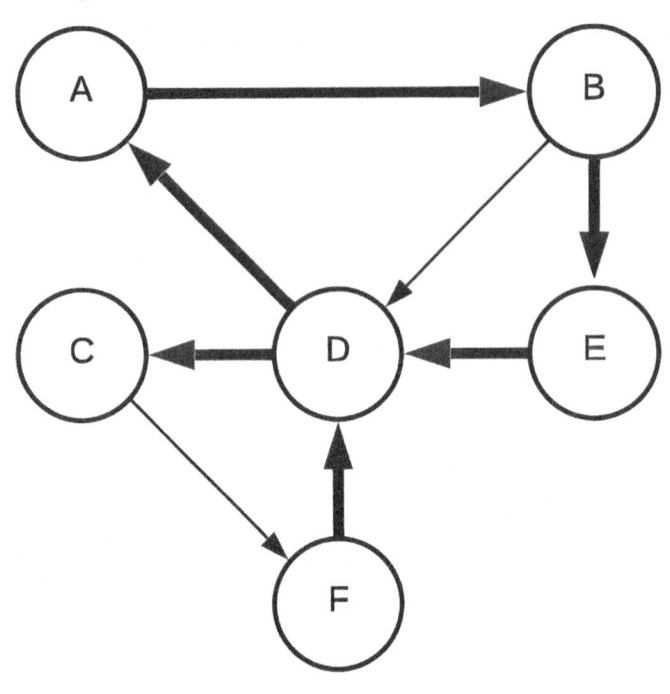

Figura 1.25: Grafo com passeio F-D-A-B-E-D-C.

Fonte: Elaborada pelo autor.

Como tanto na sequência dois quanto na três a sequência de vértices percorre o vértice D duas vezes faz com que esses dois passeios não possam ser um caminho, porém na sequência um não temos repetição de vértices, então ela é um caminho.

O passeio possui uma propriedade chamada comprimento, sendo sua definição:

Comprimento (*length*) de um passeio: o comprimento de um passeio é obtido pela quantidade de arestas que fazem parte dele. Quando temos um caminho em que os vértices não se repetem, então o comprimento dele é obtido através da quantidade e de vértices menos um: |V| – 1.

Caminho mínimo: em um grafo ponderado, é aquele em que, considerando todas as possibilidades de caminho existentes entre o vértice de origem e o de destino, a soma dos pesos das arestas é o menor possível. Caso o grafo não possua peso definido para cada aresta, então se considera que cada aresta possui peso 1 (um), assim o caminho mínimo é o que percorre o menor número de arestas até chegar ao destino.

O caminho mínimo também pode ser denominado como **distância**, representando o menor comprimento entre dois vértices em um grafo.

Na Figura 1.26 vemos um exemplo do caminho mínimo em um dígrafo ponderado, em que os pesos estão apresentados em cada aresta.

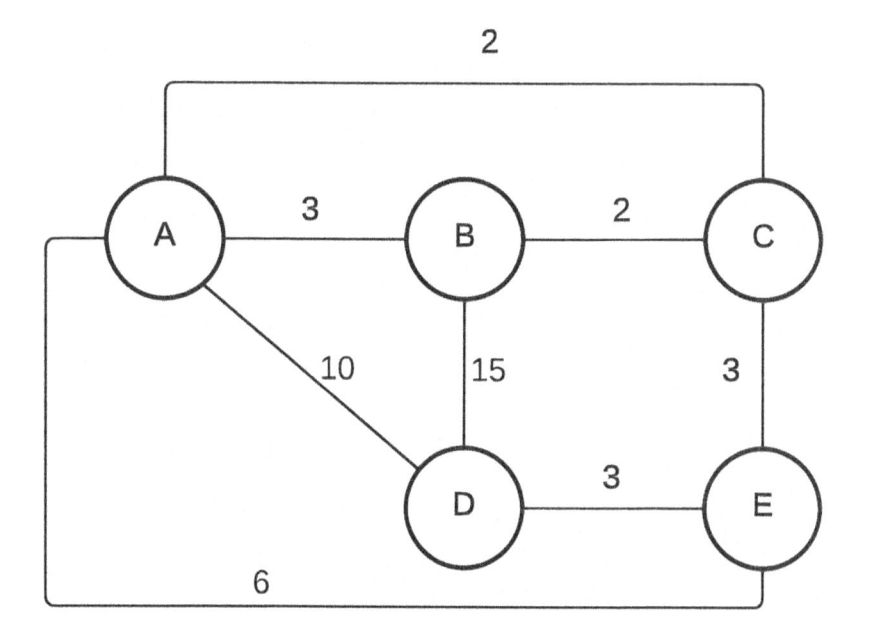

Figura 1.26: Grafo ponderado.

Fonte: Elaborada pelo autor.

Queremos sair do vértice A e chegar ao vértice D. Para isso, temos as seguintes possibilidades de caminho:

Sequência 1 = A-D
Sequência 2 = A-B-D
Sequência 3 = A-C-B-D
Sequência 4 = A-C-E-D
Sequência 5 = A-E-D

Em um grafo não ponderado, o caminho mínimo é o da sequência 1, em que percorremos apenas uma aresta. Porém, como tem peso, precisamos calcular o de cada caminho, assim substituímos cada par de aresta pelo seu peso:

Sequência 1 = 10
Sequência 2 = 3 + 15 = 18
Sequência 3 = 2 + 2 + 15 = 19
Sequência 4 = 2 + 3 + 3 = 8
Sequência 5 = 6 + 3 = 9

Dessa forma, encontramos a sequência 4 como o caminho mínimo entre os vértices A e D nesse grafo, custando 8 para ir da origem ao destino.

Ciclo (*cycle*): o ciclo, também chamado de circuito ou de caminho fechado é um caminho que tem como origem e destino o mesmo vértice, assim partindo de um ponto, percorrendo o grafo e voltando para esse mesmo ponto, possuindo as mesmas características do caminho, de não repetir vértices ou arestas, exceto o vértice de origem e destino que devem ser os mesmos.

Na Figura 1.27 vemos um exemplo de um ciclo partindo do vértice A e tendo como destino o mesmo vértice A, percorrendo A-B-E--D-A.

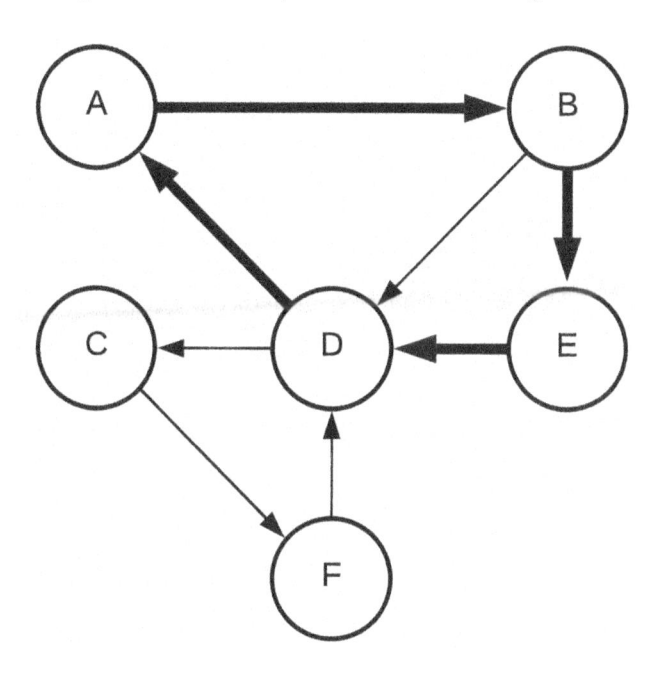

Figura 1.27: Exemplo de ciclo em um grafo.

Fonte: Elaborada pelo autor.

Quando um grafo não possui ciclos é denominado de acíclico.

1.3 Conclusões

Apesar da origem dos grafos remeter ao século XVIII, o seu uso começou a ser mais amplamente utilizado entre o final do século XX e o início do século XXI, isso devido a uma necessidade prática e uma possibilidade real de uso como ferramenta.

Entre as vantagens do uso de grafos, a modelagem de problemas e situações neles possibilita a sua aplicação em diversos segmentos, tornando seu uso mais massivo e recorrente.

Com a evolução da computação, o desenvolvimento de bancos de dados orientados em grafos possibilitou a integração dos teoremas e algoritmos de forma mais simplificada, permitindo o seu emprego em análises de redes de grande porte, como por exemplo, as redes sociais ou de computadores.

Identificar os tipos de grafos, suas propriedades e características permite conhecer quais técnicas podem ser empregadas em seu uso, consequentemente compreender quais as melhores formas de atuar para obter informações.

Ao longo dos próximos capítulos iremos explorar com mais ênfase cada tipo de grafo e suas características, apresentando em quais situações podemos empregar o conhecimento visto.

2. REPRESENTAÇÃO DE GRAFOS

As possibilidades de uso dos grafos são diversas, desde as finalidades mais simples, como conexões em redes de computadores até em química, na elaboração e identificação de novas fórmulas e complexos químicos.

Utilizando o conceito matemático de vértices e arestas, a representação visual dos grafos através de pontos ou círculos conectados por retas é muito simples e funcional.

Por meio dessa representação, consegue-se modelar e visualizar diversas situações e problemas, e com isso identificar caminhos ou agrupamentos conforme os dados que se encontrem armazenados no grafo.

Contudo, quando o problema contém dezenas de milhares de vértices conectados entre si, o acompanhamento visual se torna muito difícil. Identificar qual o grau de cada vértice, o passeio de menor e maior comprimento e todas as características do grafo ficam muito mais onerosas. Conforme o exemplo da Figura 2.1, o qual temos uma rede de coautoria em artigos publicados na área de ciências da computação, existem situações em que utilizar o grafo visualmente é inviável.

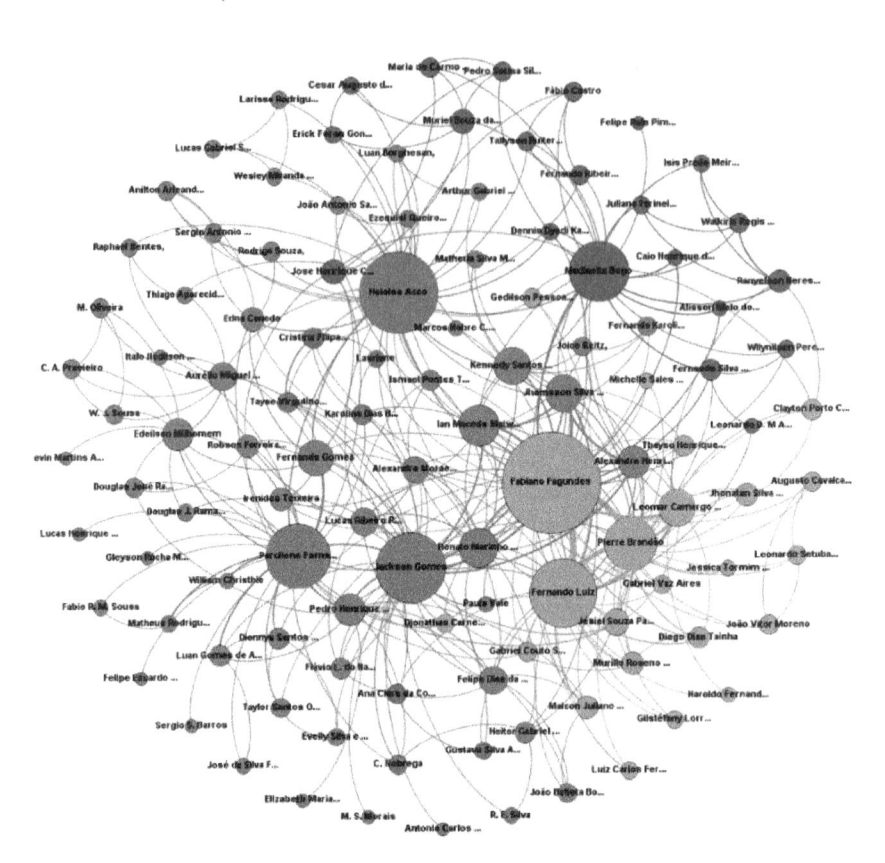

Figura 2.1: Grafos de uma rede de coautoria de artigos publicados na área de computação.

Fonte: Davantel; Fagundes (2021).

Dessa forma, foi preciso identificar formas de se trabalhar com um grafo que não sejam visuais, e assim surgiram duas possibilidades que são amplamente utilizadas, uma por meio de listas e outra utilizando matrizes de adjacência.

Estas soluções são factíveis de serem implementadas e trabalhadas utilizando tecnologias da informação, com isso sendo possível armazenar e manipular os grafos por meio de programas de computador específicos.

Existem duas principais formas de se representar grafos: as listas de adjacência e as matrizes de adjacência. A escolha de qual alternativa adotar depende da finalidade com que se deseja trabalhar com o grafo e quais algoritmos empregar.

A solução de empregar listas de adjacências é mais recomendada nos casos em que temos grafos mais esparsos, apresentando uma solução mais compacta. Já a representação de matriz de adjacência é aconselhada quando temos um grafo mais denso em que temos o interesse em analisar a conectividade entre os vértices.

Veremos a seguir cada uma dessas soluções e como empregá-las.

2.1 Matriz de adjacência

Uma das formas de representação de um grafo é através de uma matriz de adjacência, sendo esta uma matriz quadrada de tamanho correspondente ao número de vértices do grafo. Então, sendo N o número de vértices, a matriz de adjacência terá o tamanho N x N.

Dessa forma, é possível armazenar grafos em computadores e utilizá-los em softwares específicos por meio do uso de matrizes. Com isso, otimizando o acesso e uso dos grafos por uma estrutura de dados consolidada.

2.1.1 Definição de matriz

Podemos representar uma matriz por uma letra maiúscula e seus elementos são representados por uma letra minúscula. Assim sendo, em uma matriz **A**, seus elementos podem ser indicados por $a_{i,j}$, em que o **i** corresponde ao índice da linha e o **j** ao índice da coluna.

Na Figura 2.2 vemos a representação de uma matriz com m linhas e n colunas e a identificação de seus elementos:

Figura 2.2: Matriz.

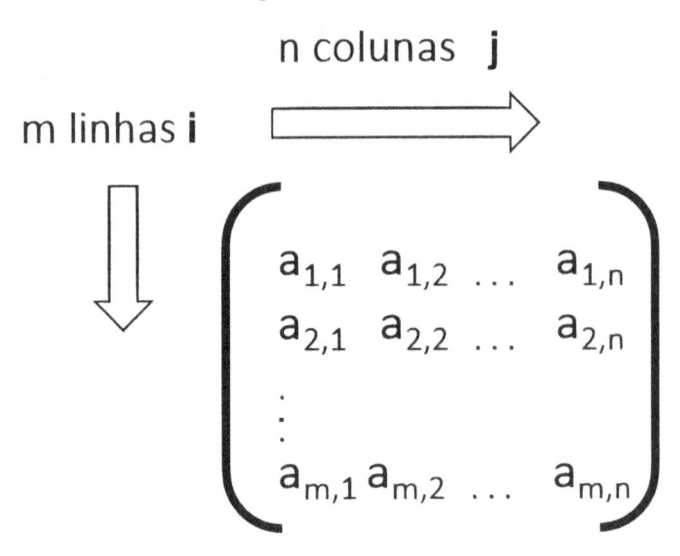

$$\begin{pmatrix} a_{1,1} & a_{1,2} & \ldots & a_{1,n} \\ a_{2,1} & a_{2,2} & \ldots & a_{2,n} \\ \vdots & & & \\ a_{m,1} & a_{m,2} & \ldots & a_{m,n} \end{pmatrix}$$

m linhas i → (para baixo), n colunas j → (para direita)

Fonte: Elaborada pelo autor.

Em toda a matriz seguimos a seguinte ordem de identificação das linhas e colunas, as primeiras sendo numeradas de cima para baixo e as segundas da esquerda para a direita.

Nesse exemplo, o elemento $a_{2,3}$ corresponde ao elemento que se encontra na linha 2 e coluna 3. Já o elemento $a_{m,n}$ corresponde ao elemento que se encontra na linha m e coluna n.

De forma didática e para facilitar a leitura e compreensão das matrizes, neste livro adotaremos a representação da seguinte forma:

	1	2	...	n
1	$a_{1,1}$	$a_{1,2}$	...	$a_{1,n}$
2	$a_{2,1}$	$a_{2,2}$	...	$a_{2,n}$
...	...	...	...	...
m	$a_{m,1}$	$a_{m,2}$	...	$a_{m,n}$

2.1.2 Matriz em grafo não orientado

Quando vamos implementar uma matriz de adjacência em um grafo não orientado, devemos inicializá-la com todos os elementos sendo preenchidos por zero (0), e quando ocorrer uma conexão entre o vértice da linha com um da coluna alteramos o valor para um (1). Como os valores da matriz de adjacência são somente zeros ou uns, trata-se de uma matriz booleana.

Vamos supor que temos uma matriz X, para localizar qualquer elemento dela utilizamos $X_{v,w}$, em que v é o vértice de origem e w o de destino, indicando se existe relacionamento entre eles.

Como estamos em uma matriz, v acaba representando o número da linha e w o número da coluna. Nessa situação, temos:

$X_{v,w}$ = 1 se v-w é uma aresta;
$X_{v,w}$ = 0 se v-w não estão conectados.

Dessa forma, a linha v da matriz X representa as possibilidades de saída do vértice v, e a coluna w da matriz as de entrada no vértice w.

Vamos representar o conceito de matriz de adjacência por meio de um exemplo de um grafo não orientado, conforme visto na Figura 2.3, que possui três vértices: A, B e C.

Figura 2.3: Grafo simples.

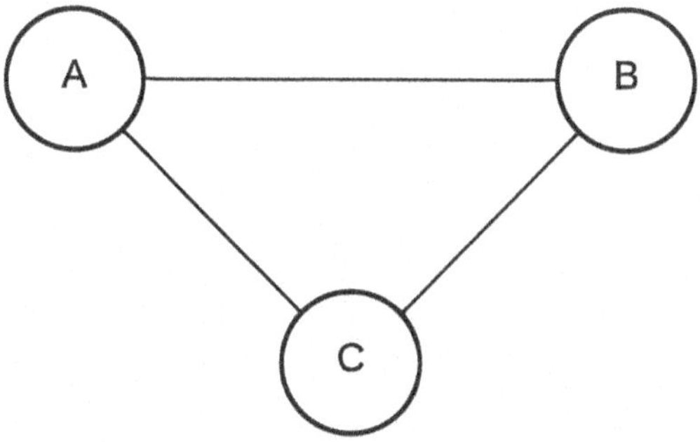

Fonte: Elaborada pelo autor.

O número de vértices é |V| = 3, assim a matriz de adjacência será uma matriz de 3 × 3, tendo como índice das linhas e colunas a referência aos vértices:

D\O	A	B	C
A			
B			
C			

O deslocamento na matriz ocorre conforme a Figura 2.4 representa, sempre partindo dos vértices que estão identificados nas colunas e indo aos que se encontram nas linhas. Iremos representar a sequência de colunas de vértice de origem por O e linha com os de destino por D:

Figura 2.4: Identificação dos vértices na matriz de adjacência.

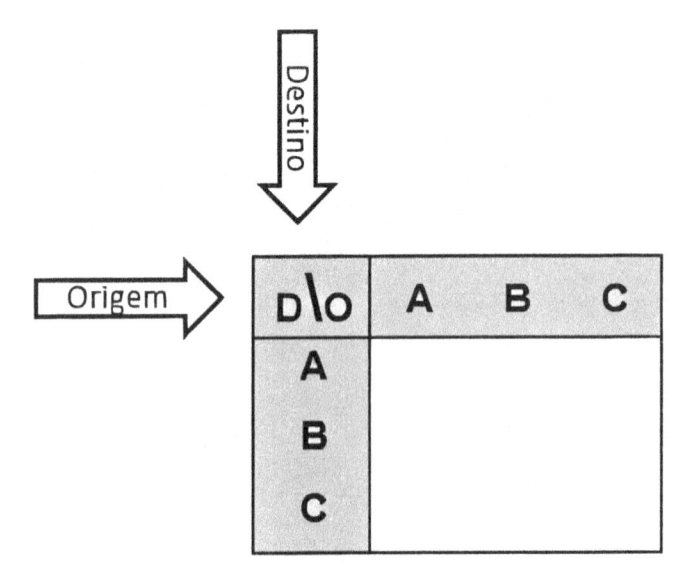

Fonte: Elaborada pelo autor.

Dessa forma, podemos exemplificar partindo com uma aresta que tem como origem o vértice B e como destino o C, conforme representado na Figura 2.5:

Figura 2.5: Representação do deslocamento na matriz de adjacência.

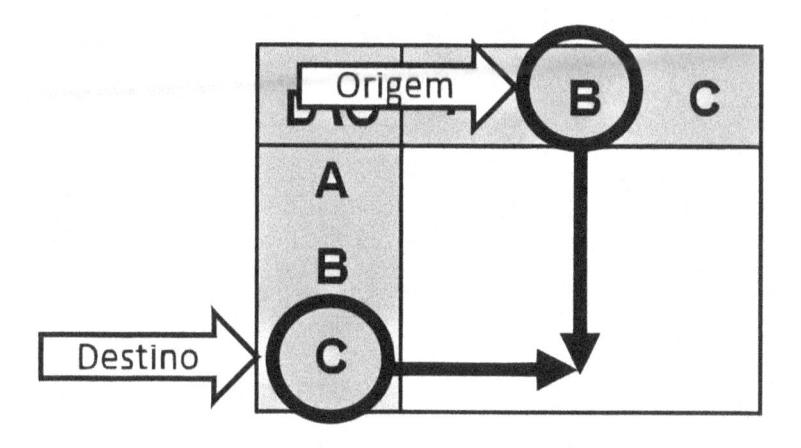

Fonte: Elaborada pelo autor.

Então, no ponto de encontro registramos com o valor 1, indicando que existe uma aresta com origem no vértice B e destino no C:

D\O	A	B	C
A			
B			
C		1	

Realizamos esse procedimento para todos os vértices existentes na matriz, percorrendo cada elemento de cruzamento entre a coluna e a linha.

O primeiro passo para implementar a matriz de adjacência é inicializar todos os elementos com o valor zero e substituir por 1, conforme for encontrando uma aresta que faça a conexão entre os dois pontos.

D\O	A	B	C
A	0	0	0
B	0	0	0
C	0	0	0

Percorremos todos os vértices do grafo e identificamos o ponto em que ocorre uma conexão entre um vértice e outro, representando assim uma aresta. Conforme a conexão for sendo encontrada, vamos substituindo o elemento correspondente pelo valor um (1).

No exemplo, partindo de A, temos uma aresta com destino ao vértice B, então marcamos 1 no elemento localizado na linha 2, coluna 1:

$X_{2,1} = 1$

D\O	A	B	C
A	0	0	0
B	1	0	0
C	0	0	0

Como estamos trabalhando com um grafo não orientado, a aresta A-B é similar à B-A, dessa forma, registramos ela também no elemento $X_{1,2}$:

D\O	A	B	C
A	0	1	0
B	1	0	0
C	0	0	0

Percorrendo todas as arestas, obtemos a matriz de adjacência final, conforme imagem a seguir:

D\O	A	B	C
A	0	1	1
B	1	0	1
C	1	1	0

Nessa matriz percebemos uma característica importante da matriz de adjacência de grafos não orientados: a simetria existente na diagonal. Se acessarmos um elemento com origem no vértice O e destino no vértice D: $X_{O,D}$, e fazermos o mesmo com o inverso: $X_{D,O}$ obteremos o mesmo resultado. Assim, $X_{O,D} = X_{D,O}$.

Outra característica é que como nesse exemplo de grafo não ocorrem laços, então os elementos da diagonal da matriz de adjacências são todos 0.

Vamos considerar outro grafo como exemplo, visto na Figura 2.6. Nesse grafo temos a inclusão de um laço no vértice B:

Figura 2.6: Grafo simples com laço.

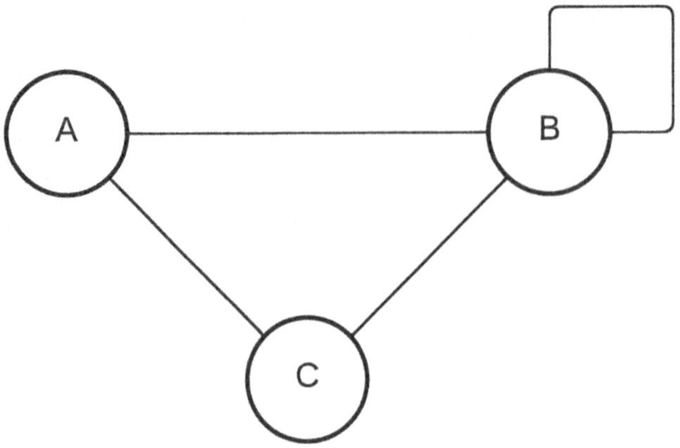

Fonte: Elaborada pelo autor.

A matriz de adjacência ficará da seguinte forma:

D\O	A	B	C
A	0	1	1
B	1	1	1
C	1	1	0

A simetria se mantém e somente a diagonal entre o vértice B é que ficará com o valor 1. Dessa forma, é possível representar laços por meio dessa matriz.

Quando temos grafos simples, o grau de um vértice pode ser obtido pela somatória dos elementos de sua linha ou coluna correspondente.

2.1.3 Matriz em grafo ponderado

É possível ter grafos que possuem peso em suas arestas; nesses casos, podemos representá-los por meio das matrizes de adjacência, só que em vez de utilizar o valor 1 no elemento que possui os extremos de uma aresta, utilizamos o valor do peso.

Ao implementar a matriz de adjacência de grafos ponderados devemos utilizar um valor de elemento distinto de zero quando se inicializar a matriz, isto porque o valor zero pode ser um peso empregado no grafo. Dessa forma, vamos deixar a matriz inicializada com todos os elementos em branco.

Alterando o grafo da Figura 2.6 para incluir peso, resultando em:

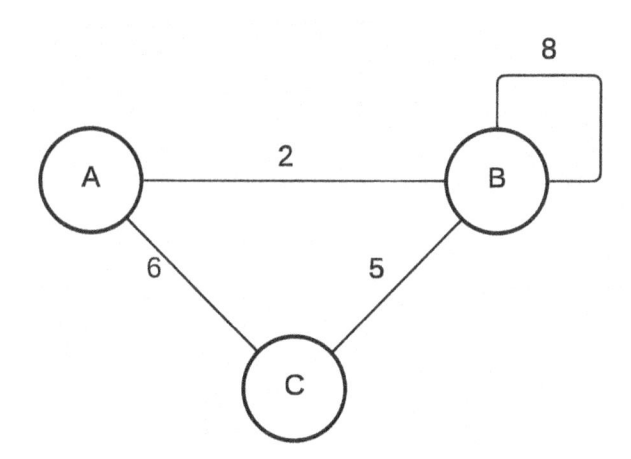

Figura 2.7: Grafo ponderado.

Fonte: Elaborada pelo autor.

A nova matriz de adjacência com os pesos entre as arestas ficará da seguinte forma:

D\O	A	B	C
A		2	6
B	2	8	5
C	6	5	

Dessa forma, é possível utilizar a matriz para armazenar as principais informações do grafo. Em grafos não direcionados a simetria é uma regra que pode ser utilizada no momento do armazenamento da matriz, optando por armazenar a matriz inteira com as informações duplicadas ou armazenando somente metade da matriz.

2.1.4 Matriz de adjacência em dígrafos

A implementação de uma matriz de adjacência em um grafo direcionado é muito similar a elaboração de uma em um não direcionado, porém, irá ocorrer uma variação de não ter ocorrência de simetrias e que nos casos de dígrafos a indicação da origem e destino de cada aresta influência na matriz gerada.

Na Figura 2.8, vemos um exemplo de um grafo direcionado ponderado, um dígrafo. Nesse exemplo, do vértice A sai somente uma aresta com destino ao vértice B, tendo peso 2. Então temos a matriz de adjacência $X_{A,B} = 2$. E como é direcionado, é diferente de $X_{B,A}$, que no caso é zero, já que não existe um caminho entre B e A.

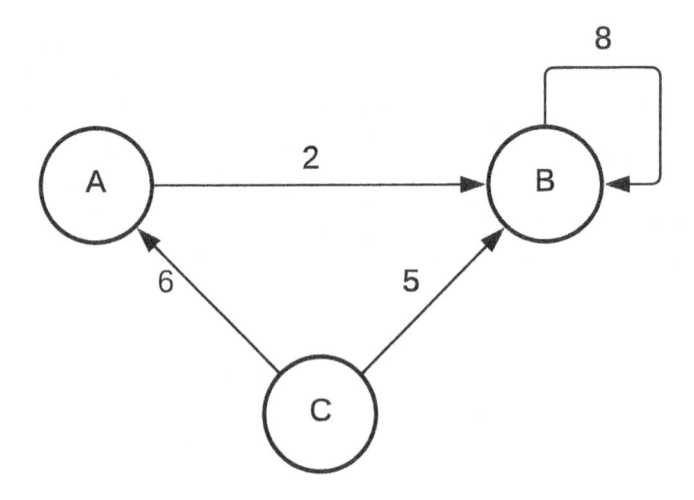

Figura 2.8 Grafo direcionado.

Fonte: Elaborada pelo autor.

A matriz de adjacência final fica da seguinte forma: considerando o vértice de origem na linha e o vértice de destino na coluna, por exemplo: $X_{2.1} = 2$.

D\O	A	B	C
A			
B	2		
C			

Completando a matriz de adjacência obtemos:

D\O	A	B	C
A			6
B	2	8	5
C			

Em um dígrafo, a simetria não ocorre mais; dessa forma, cada relação entre vértices de origem e destino são únicas. Podemos ter uma matriz de adjacência de um dígrafo que seja simétrica, mas, para que isso ocorra, devemos ter um direcionamento em ambos os sentidos para todas as arestas existentes, conforme o exemplo da Figura 2.9:

Figura 2.9: Dígrafo com comportamento de grafo não orientado.

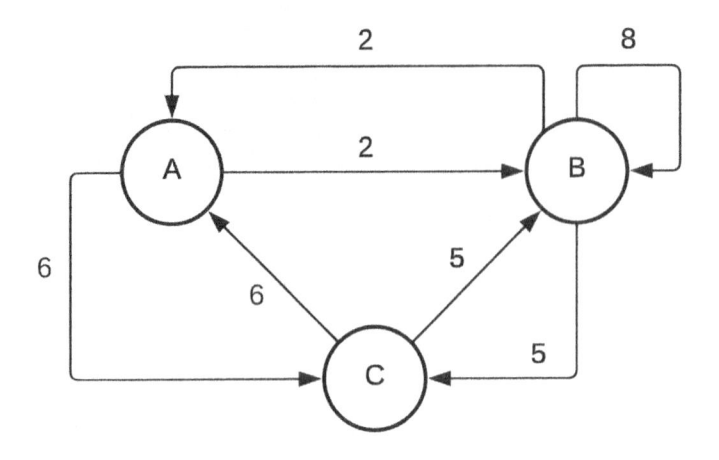

Fonte: Elaborada pelo autor.

A matriz de adjacência desse grafo fica da seguinte forma:

D\O	A	B	C
A		2	6
B	2	8	5
C	6	5	

Nota-se que a existência da simetria ocorre porque todos os vértices que se encontram conectados possuem arestas direcionadas em ambos os sentidos, conforme um grafo não direcionado.

2.2 Listas de adjacências

Uma forma de representar um grafo é utilizando listas de adjacência. Esse conceito percorre a estrutura armazenando somente as conexões que existem, sendo mais indicados para situações em que o grafo é mais denso em relação ao número de vértices e arestas.

A lista de adjacência pode ser armazenada em computadores utilizando vetores, sendo o vetor de listas de adjacência uma lista encadeada que se encontra vinculada com cada vértice do grafo.

2.2.1 Vetores

É importante compreender os conceitos básicos de vetores para assimilar como é o funcionamento de listas de adjacência, já que estas utilizam essa estrutura de dados.

Em computação existe o conceito de estruturas de dados, elas apresentam como os dados se encontram organizados na memória do computador ou dispositivo, dessa forma indicando como devem ser acessadas e quais são as formas de manuseio e processamento que podem ser utilizadas pelos programas.

O vetor (*array*) é um dos tipos de estrutura de dados com a característica de que pode armazenar uma sequência de objetos do mesmo tipo em posições consecutivas da memória do computador.

Os objetos armazenados em um vetor podem ser acessados de forma aleatória, sem seguir a ordem de inserção. Com isso, é possível localizar e manipular qualquer elemento do vetor conforme a necessidade.

Uma propriedade dos vetores é a existência de índices, que são referenciados conforme o vetor for sendo alocado para armazenar uma informação. É esse índice que permite percorrer o vetor de acordo com o requisito e que garante a unicidade de cada elemento.

Os vetores são estruturas lineares de tamanho finito e contêm um tipo específico de valor. Por exemplo, o vetor A com cinco elementos de números inteiros:

Vetor A [2 4 6 8 5]
Vetor B com três elementos textuais:
Vetor B ['Ana' 'Maria' 'João'].

2.2.2 Vetor de lista de adjacências

O conceito de vetor é aplicado na representação de grafos por meio da implementação de uma lista de adjacências, para isso cria-se uma lista encadeada em que cada elemento esteja relacionado com cada vértice do grafo.

Nessa lista associada, cada vértice possui referência a todos os que sejam adjacentes a ele. Dessa forma, essa lista apresenta quais vértices são acessíveis a partir de um determinado ponto no grafo.

O espaço alocado para o armazenamento de um vetor da lista de adjacências é proporcional ao número de vértices e arestas existentes no grafo. Dessa forma, quanto maior o grafo, maior o espaço necessário para contê-lo.

O uso de listas de adjacência no lugar de matrizes de adjacência é recomendado quando temos grafos pouco densos, pois ocuparão menos espaço.

Na figura a seguir, veremos um exemplo de um grafo que vamos representar através de listas de adjacências:

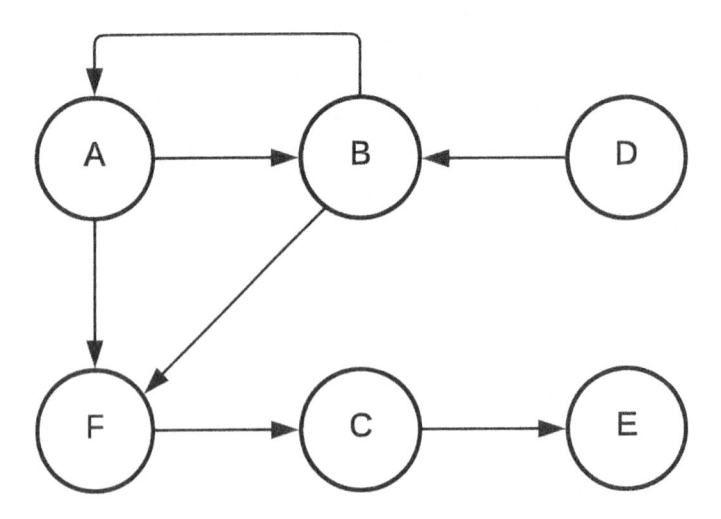

Figura 2.10: Dígrafo.

Fonte: Elaborada pelo autor.

Para cada vértice temos a referência de quais são adjacentes a ele, com isso obtemos a seguinte tabela:

Vértice origem	Vértices destino
A	B e F
B	A e F
C	E
D	B
E	
F	C

Podemos representar essa tabela conforme a proposta dos vetores, em que cada vértice de origem contém a referência aos seus adjacentes. Na figura veremos essa representação:

Figura 2.11: Dígrafo e sua lista de adjacências.

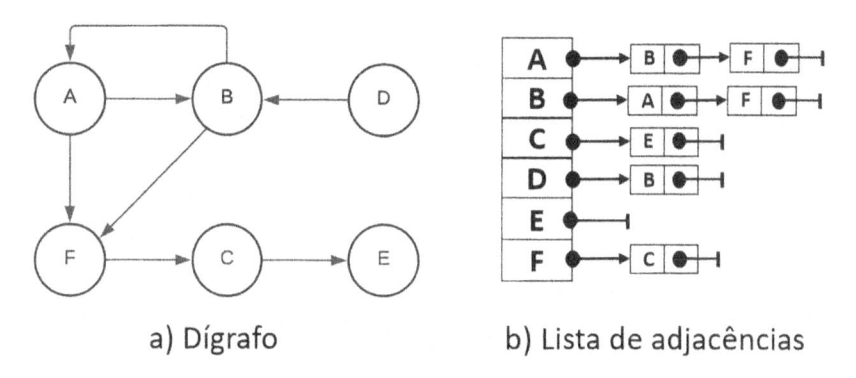

a) Dígrafo   b) Lista de adjacências

Fonte: Elaborada pelo autor.

Conforme a imagem, temos um vetor que contém cada vértice de origem em uma de suas posições e, em cada elemento do vetor, está armazenado a uma lista encadeada com os vértices de destino acessíveis a partir daquele ponto inicial. Com isso, não é preciso percorrer toda uma lista para saber quais vértices estão conectados com um específico.

Nesse vetor, se formos ao elemento V [A], obteremos uma lista de todos os vértices adjacentes à A, que são B e F.

2.2.3 Grafo ponderado

Da mesma forma que conseguimos armazenar informações sobre grafos ponderados em matrizes de adjacência, também é possível incluir o peso das arestas nas listas de adjacência.

Ao utilizar vetores podemos incluir informações adicionais em cada elemento da lista; dessa forma, conseguimos incluir valores conforme a necessidade. Na figura a seguir, veremos um exemplo de como é o armazenamento de um grafo ponderado em vetores.

Figura 2.12: Dígrafo ponderado e sua lista de adjacências.

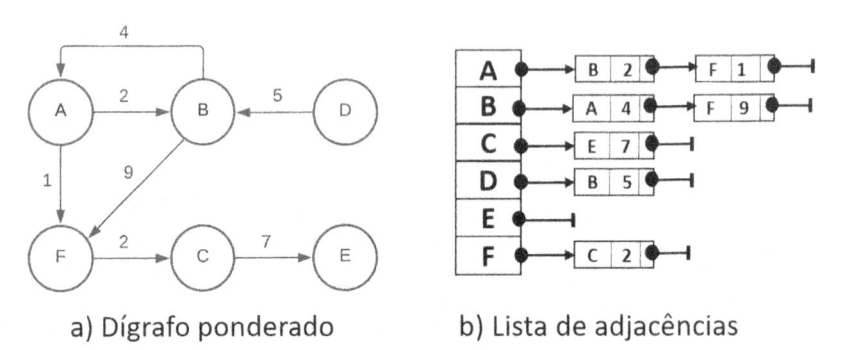

a) Dígrafo ponderado   b) Lista de adjacências

Fonte: Elaborada pelo autor.

Note que nessa implementação o peso das arestas é inserido nas listas de adjacência e não no vetor principal.

2.2.4 Grafos não direcionados

A implementação de lista de adjacências para grafos não direcionados é similar à de dígrafos, porém cada vértice de origem deve indicar o de destino e vice-versa, mantendo assim a coerência do grafo.

Na próxima figura vemos um exemplo de um grafo não direcionado e sua representação em lista de adjacências. Utilizando os vértices C e E como exemplo, percebemos que o elemento no vetor associado ao vértice de origem C contém na sua lista de adjacências o vértice E, enquanto o elemento do vetor que corresponde ao vértice de origem E possui o vértice C na sua lista de adjacências.

Figura 2.13: Grafo não direcionado e sua lista de adjacências.

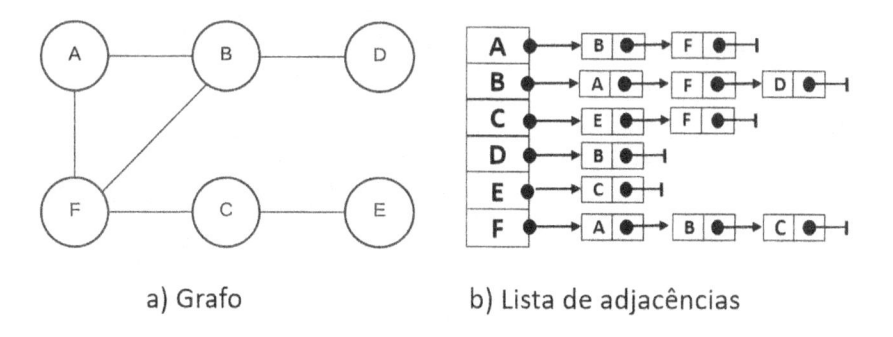

a) Grafo   b) Lista de adjacências

Fonte: Elaborada pelo autor.

Essa informação é muito importante, pois, caso ocorra falha no armazenamento das arestas em ambos os sentidos dos vértices vai, isso acarretará falha no registro do grafo por meio das listas de adjacência.

2.3 Densidade de um grafo

Podemos definir a densidade de um grafo por intermédio do número de arestas e vértices existentes nele. Para isso, devemos considerar a razão entre a quantidade de arestas e a de vértices do grafo.

2.3.1 Densidade de grafos direcionados

A fórmula para calcular a densidade de um grafo direcionado é diferente da de um não direcionado. Podemos calcular a densidade de grafos direcionados da seguinte forma, sendo:

m = número de arestas;
n = número de vértices;

Densidade de grafo direcionado: $\dfrac{m}{n(n-1)}$.

Por meio da densidade, é possível interpretar o número de conexões existentes entre seus vértices, conseguindo definir se possui alta ou baixa conectividade.

O valor resultante deve ficar entre zero e um, sendo zero quando o grafo não tiver nenhuma aresta, o que o torna nulo, e um no caso de um grafo completo, em que temos arestas conectando todos os vértices.

Assim sendo, quanto mais próximo o resultado for de um, mais denso o grafo é; e no caso contrário, quanto mais próximo de zero o valor for, mais esparso será.

Na figura a seguir, vemos um exemplo de um grafo esparso e o mesmo com maior densidade. Nesse exemplo em a) temos um grafo direcionado esparso e em b) um grafo direcionado denso.

Figura 2.14: Grafo não direcionado e sua lista de adjacências.

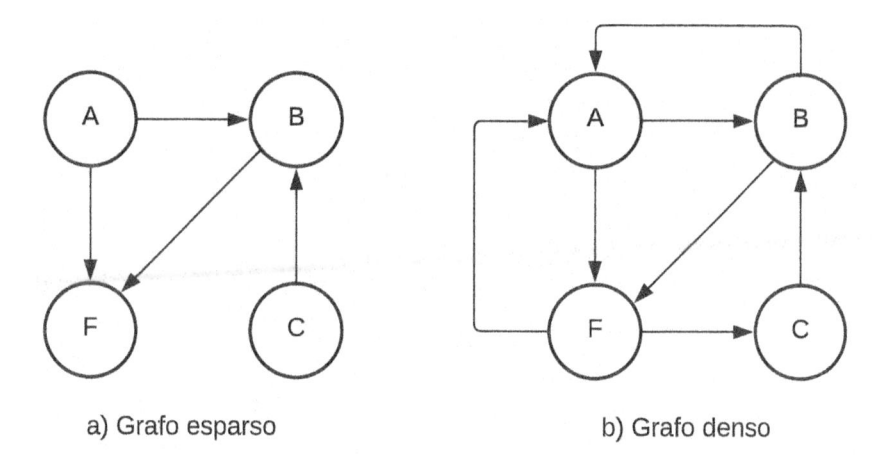

a) Grafo esparso   b) Grafo denso

Fonte: Elaborada pelo autor.

Calculando a densidade do grafo (a), obtemos o seguinte:

m = número de arestas = 4
n = número de vértices = 4

Densidade de grafo direcionado:

$$\frac{m}{n(n-1)} = \frac{4}{4(4-1)} = \frac{4}{4(3)} = \frac{4}{12} = 0{,}334$$

Agora calculando a densidade do grafo (b), temos:

m = número de arestas = 7
n = número de vértices = 4

Densidade de grafo direcionado:

$$\frac{m}{n(n-1)} = \frac{7}{4(4-1)} = \frac{7}{4(3)} = \frac{7}{12} = 0{,}584$$

Conforme os valores obtidos, de 0,334 para o exemplo (a) e de 0,584 para o (b), verificamos que o grafo (b) é bem mais denso do que (a).

Vamos considerar esse grafo da Figura 2.14 e torná-lo completo. Para isso, as arestas conectam todos os vértices, então obtemos o resultado apresentado na figura a seguir:

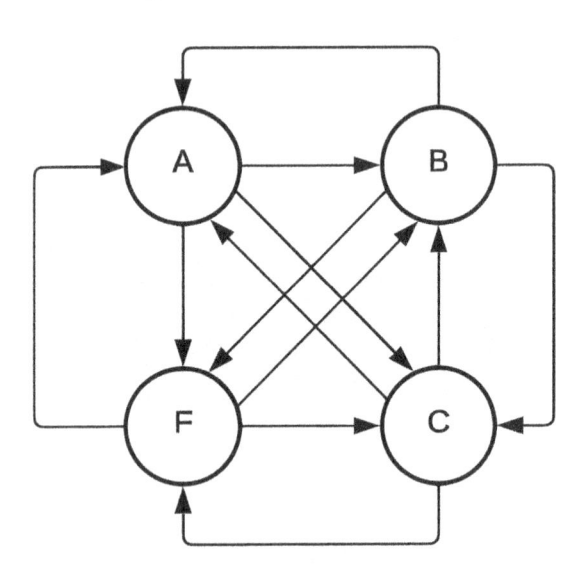

Figura 2.15: Grafo completo.

Fonte: Elaborada pelo autor.

Obtendo a densidade desse novo grafo, temos:

m = número de arestas = 12
n = número de vértices = 4

Densidade de grafo direcionado:

$$\frac{m}{n(n-1)} = \frac{12}{4(4-1)} = \frac{12}{4(3)} = \frac{12}{12} = 1$$

Ou seja, o grafo mais denso é o grafo completo, em que todas as arestas conectam todos os seus vértices.

2.3.2 Densidade de grafos não direcionados

A principal diferença para o cálculo da densidade entre um grafo direcionado para um não direcionado é que no segundo caso cada aresta deve ser contada duas vezes, pois esta pode ser percorrida em ambos os sentidos.

O cálculo para obter a densidade de um grafo não direcionado é um pouco diferente:

Densidade de grafos não direcionados: $\dfrac{2m}{n(n-1)}$

Em que m corresponde ao número de arestas e n ao de vértices.

Vamos exemplificar calculando a densidade do grafo apresentado na próxima figura:

Figura 2.16: Grafo não direcionado.

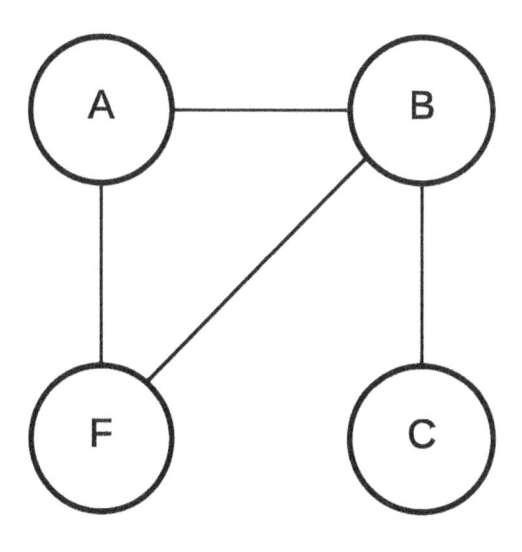

Fonte: Elaborada pelo autor.

O cálculo da densidade é:

m = número de arestas = 4
n = número de vértices = 4

Densidade de grafo direcionado: $\frac{2m}{n(n-1)} = \frac{2.4}{4(4-1)} = \frac{8}{4(3)} = \frac{8}{12} = 0,667$

Além da definição de uso por meio da densidade do grafo, outro ponto que devemos considerar quando definir qual a melhor forma de representá-lo é a finalidade do armazenamento. Em uma matriz de adjacência é possível acessar diretamente um vértice do grafo, enquanto na lista de adjacência não.

2.4 Conclusões

O uso de grafos começou a se popularizar depois que surgiu a computação e a possibilidade de representá-los computacionalmente. Permitindo, portanto, trabalhar com problemas que tivessem um maior número de vértices e arestas conectadas de forma prática e ágil.

Identificar qual é o vértice com maior grau, o melhor caminho ou quais podem ser considerados para formar um subgrafo é uma tarefa onerosa quando não temos o auxílio da informática.

Com a evolução da informática, duas formas de se armazenar os grafos se destacaram: a de matrizes de adjacência e a de listas de adjacência. Apesar do potencial computacional ter acompanhado a evolução tecnológica, com o crescimento dos conjuntos de dados devido ao fenômeno do big data – em que a geração de informações ocorre em uma velocidade muito grande gerando um volume com variedade gigantesca de dados – é essencial identificar qual a melhor maneira de se representar um grafo visando obter o melhor desempenho.

Nos próximos capítulos iremos conhecer modos de se trabalhar com os grafos a fim de se obter as melhores informações independentemente do tamanho ou densidade deles.

3. TIPOS DE GRAFOS

Considerando que um grafo é a relação entre vértices conectados por arestas, podemos classificá-los conforme a disposição dos seus elementos, levando em conta o número de vértices, grau, entre outros pontos.

A seguir, veremos os principais tipos de grafos que podem ser encontrados:

3.1 Grafo nulo

Um grafo é denominado nulo quando possui somente um vértice e nenhuma aresta. Na Figura 3.1, veremos um exemplo de um grafo nulo:

Figura 3.1: Grafo nulo.

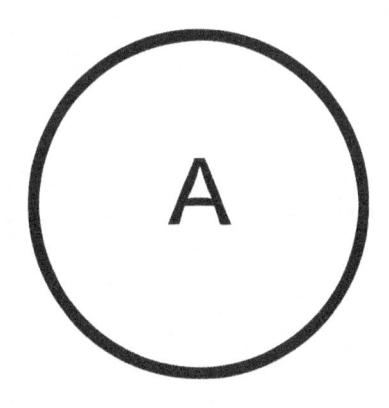

Fonte: Elaborada pelo autor.

3.2 Grafo completo

Um grafo é denominado completo quando todos os vértices se comunicam entre si através de alguma aresta, ou seja, todos são adjacentes.

Podemos calcular o número de arestas de um grafo completo com a fórmula: n = o número de vértices, então n = |V|, temos:

$$\text{Arestas} = \frac{n(n-1)}{2}$$

O grafo completo pode ser designado por Kn, em que n é o grau do grafo. Como todos os vértices estão ligados entre si, um grafo Kn deve ter o número máximo de arestas para cada vértice, logo n deve ser o maior grau possível.

Por exemplo, para um grafo K1 temos somente um vértice, denominado nulo. Para n = 2, temos um K2, composto por dois vértices e uma aresta, já para um grafo K3 temos um triângulo com três vértices e três arestas.

Na figura a seguir, vemos quatro exemplos de grafos completos.

Figura 3.2: Exemplos de grafos completos.

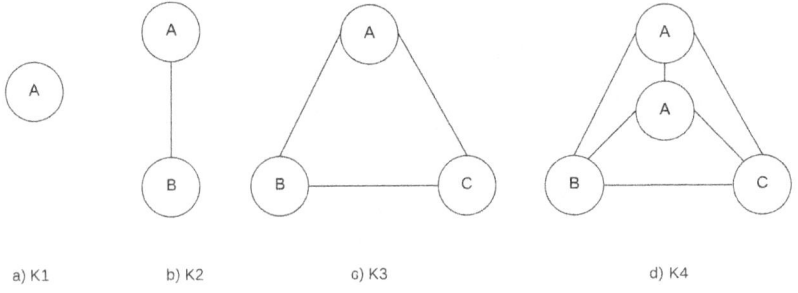

a) K1   b) K2   c) K3   d) K4

Fonte: Elaborada pelo autor.

3.3 Grafo conexo e desconexo

Um grafo é conexo quando, em qualquer par de vértices dele, consegue-se encontrar algum caminho que os conectam. Dessa forma, todos os vértices são acessíveis no grafo. Quando essa característica não ocorre, então temos um grafo chamado de não conexo ou desconexo. Na próxima figura veremos um exemplo:

Figura 3.3: Exemplos de grafos conexo e desconexo.

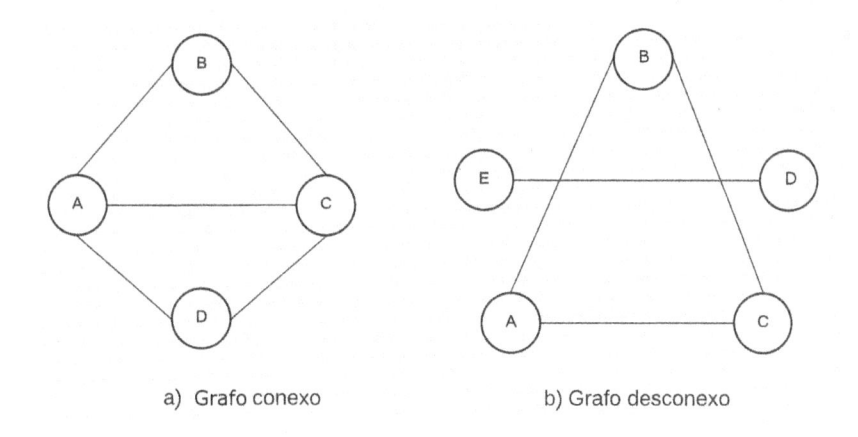

a) Grafo conexo   b) Grafo desconexo

Fonte: Elaborada pelo autor.

Note que no grafo conexo é possível conectar cada vértice entre si por meio da disposição das arestas, porém no desconexo os vértices E e D não estão conectados aos A, B e C.

3.4 Subgrafo

Podemos separar um grafo em partes, chamadas de subgrafos, que são subconjuntos do grafo de origem. A finalidade de se trabalhar com subgrafos é facilitar o processamento e análise em cima dos dados contidos no grafo.

Por exemplo, um grafo em que estejam modelados todas as vias e quarteirões de uma cidade, se estamos fazendo uma busca na região norte não precisamos trabalhar com todos os vértices e arestas do grafo, apenas com aqueles que se encontram na região de interesse.

Na figura, vemos a representação de um subgrafo, em que o mesmo faz parte do grafo. No caso, somente os vértices B, C e D serão utilizados.

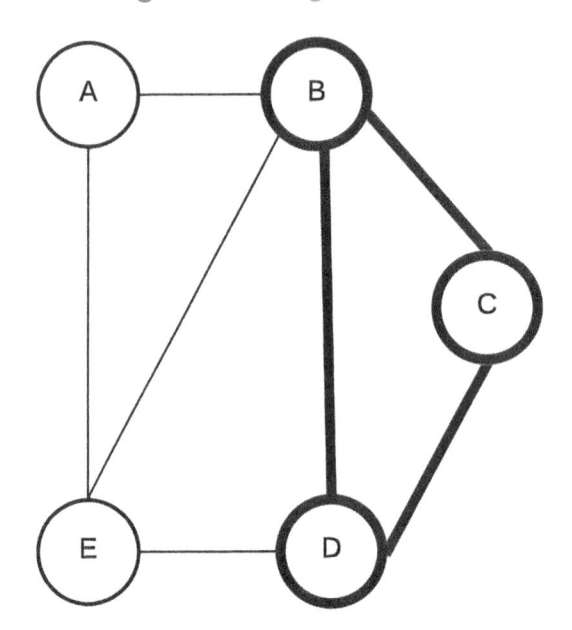

Figura 3.4: Subgrafo B-C-D.

Fonte: Elaborada pelo autor.

Quando temos um subgrafo G' proveniente do grafo G, em que G' possua todos os vértices do original, mas não necessariamente todas as arestas, então temos um subgrafo chamado de gerador.

G' é um subgrafo induzido de G quando, para qualquer par de vértices x e y de G' eles se encontram conectados em uma aresta que também se encontra em G, ou seja, G' é um subgrafo induzido de G quando apresentar todas as arestas que se encontram do grafo original conectando o mesmo conjunto de vértices de G. O conjunto de vértices deve ser não vazio.

Associado ao subgrafo induzido podemos ter duas divisões: o subgrafo induzido por vértice e o induzido por aresta.

Em um subgrafo induzido por vértices, temos que, dado V' como um subconjunto não vazio de vértices de V, o subgrafo de G possui o conjunto de vértices V' e seu conjunto de arestas deve ser o de todas as do grafo G que tenham conexão com os vértices contidos em V'.

Já o conceito de um subgrafo induzido por aresta é um subconjunto não vazio de arestas E' pertencentes ao conjunto do grafo de origem E. O subgrafo induzido por aresta G' de G é aquele em que o conjunto de vértices deve ser o dos que se encontram conectados com as arestas em E'.

3.5 Grafo bipartido

Um grafo é bipartido quando podemos dividir os vértices em dois subconjuntos X e Y, sendo que toda aresta de X conecta-se com um vértice de Y, particionando o grafo pelas arestas. Ou seja, toda aresta deve possuir um extremo em um vértice de um dos subconjuntos e o outro extremo em outro vértice de um subconjunto diferente.

Cada subconjunto de um grafo bipartido é um conjunto independente de outro. Outro ponto a destacar é que ele só é bipartido se e somente se não possuir ciclos ímpares.

Outra característica é que ele pode ser bipartido completo, isso ocorre quando todos os vértices de um subconjunto se encontram conectados com todos do outro subconjunto.

Na figura, vemos um exemplo de um grafo bipartido em que os vértices em branco representam o subconjunto X e em cinza representam o subconjunto Y.

Figura 3.5: Grafo bipartido.

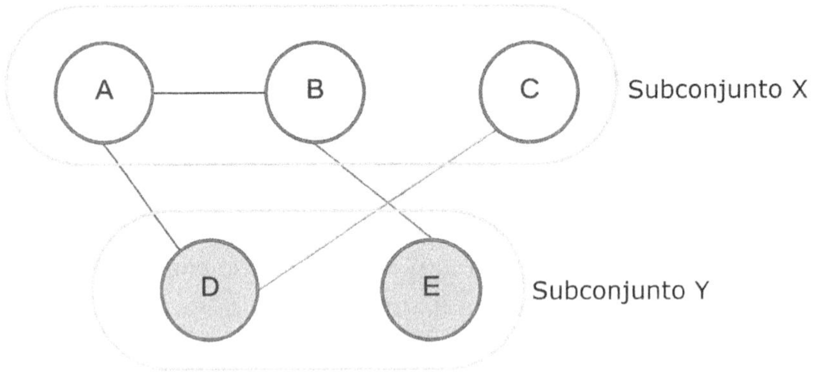

Subconjunto X

Subconjunto Y

Fonte: Elaborada pelo autor.

3.6 Grafo rotulado

Um grafo pode ser rotulado (valorado ou ponderado) tanto em vértices quanto em arestas, quando cada um desses elementos tiver um rótulo associado a ele respectivamente.

Os rótulos servem para manter atributos com valores associados; dessa forma, possibilita armazenar propriedades de cada vértice ou aresta no grafo.

Na figura, vemos um exemplo de grafo rotulado em que cada aresta possui um peso definido.

Figura 3.6: Grafo rotulado.

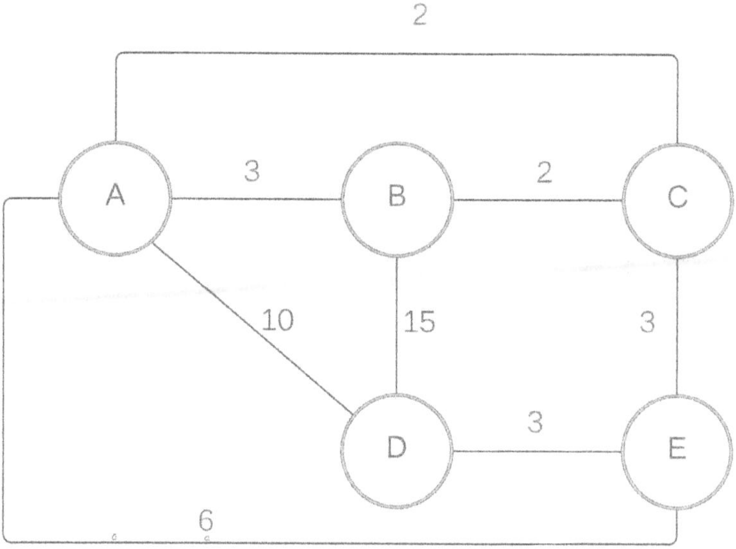

Fonte: Elaborada pelo autor.

3.7 Grafos isomorfos

Dois grafos são isomorfos entre si quando existe uma correspondência entre as conexões de vértices e arestas, mantendo relações de adjacência e incidência, porém sua representação gráfica é diferente. Assim, dois grafos isomorfos devem apresentar o mesmo número de vértices, de arestas e de vértices com o mesmo grau. Nesse caso, podemos dizer que o grafo é similar. Na Figura 3.7 vemos dois grafos isomorfos:

Figura 3.7: Exemplo de grafos isomorfos.

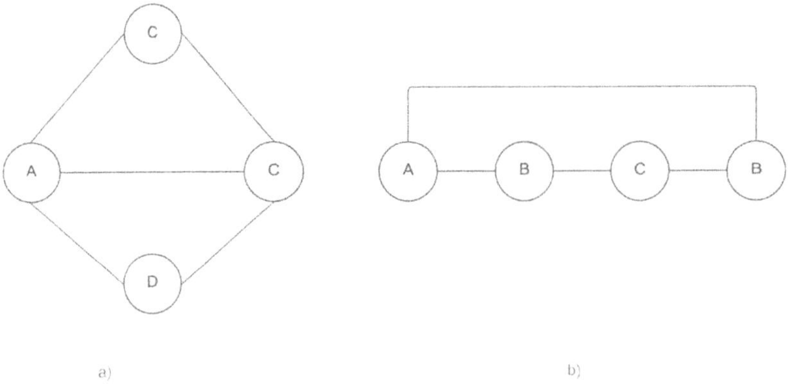

a)   b)

Fonte: Elaborada pelo autor.

Vamos considerar dois grafos distintos: G e H. Considere um subgrafo G' de G que seja isomorfo ao grafo H, assim sendo, o grafo G contém o grafo H como um subgrafo induzido.

Quando temos dois grafos isomorfos G' e G, podemos utilizar a notação G $\cong$ G'.

Não há nenhum algoritmo que seja eficiente e consiga determinar se dois grafos são isomorfos. Uma forma de se verificar é por meio da seguinte forma:

Inicialmente verifica-se as propriedades básicas de ambos os grafos: quantidade de vértices, de arestas e de vértices com o mesmo grau, todos devem ser iguais em ambos. Em seguida, realiza-se uma verificação das matrizes de adjacência dos grafos, analisando a sua similaridade. Ou seja, encontrando a mesma distribuição entre eles.

Por exemplo, os dois grafos a seguir, na figura:

Figura 3.8: Exemplo de grafos isomorfos.

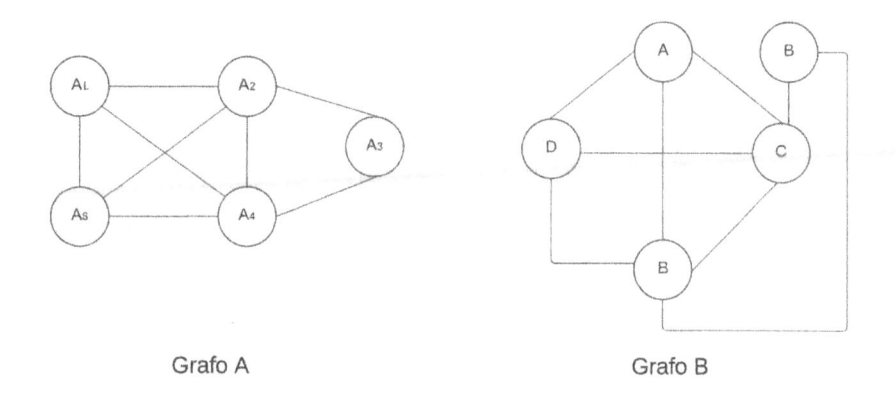

Grafo A   Grafo B

Fonte: Elaborada pelo autor.

Ambos os grafos A e B possuem cinco vértices e oito arestas, para identificar se são isomorfos, deve-se utilizar a matriz de adjacência, obtendo:

Matriz de adjacência do grafo A:

D\O	A_1	A_2	A_3	A_4	A_5
A_1	0	1	0	1	1
A_2	1	0	1	1	1
A_3	0	1	0	1	0
A_4	1	1	1	0	1
A_5	1	1	0	1	0

Já a matriz de adjacência do grafo B:

D\O	A	B	C	D	E
A	0	0	1	1	1
B	0	0	1	0	1
C	1	1	0	1	1
D	1	0	1	0	1
E	1	1	1	1	0

Essa representação da matriz não aparenta ser similar, para isso, é preciso ficar laterando a representação da matriz procurando identificar se são similares, porém, sendo mostrados de uma forma diferente, conforme a representação a seguir, que demonstra serem iguais, na qual a matriz de adjacência do grafo B ficou idêntica à matriz do grafo A:

D\O	A	E	B	C	D
A	0	1	0	1	1
E	1	0	1	1	1
B	0	1	0	1	0
C	1	1	1	0	1
D	1	1	0	1	0

3.8 Grafo regular

Grafo regular é aquele em que todos os seus vértices possuem grau, o que significa que todos têm o mesmo número de arestas conectadas. O grau dos vértices indica o grau do grafo regular, assim se os vértices têm grau r, então é regular de grau r.

Na figura, vemos um exemplo de um grafo regular de grau 3.

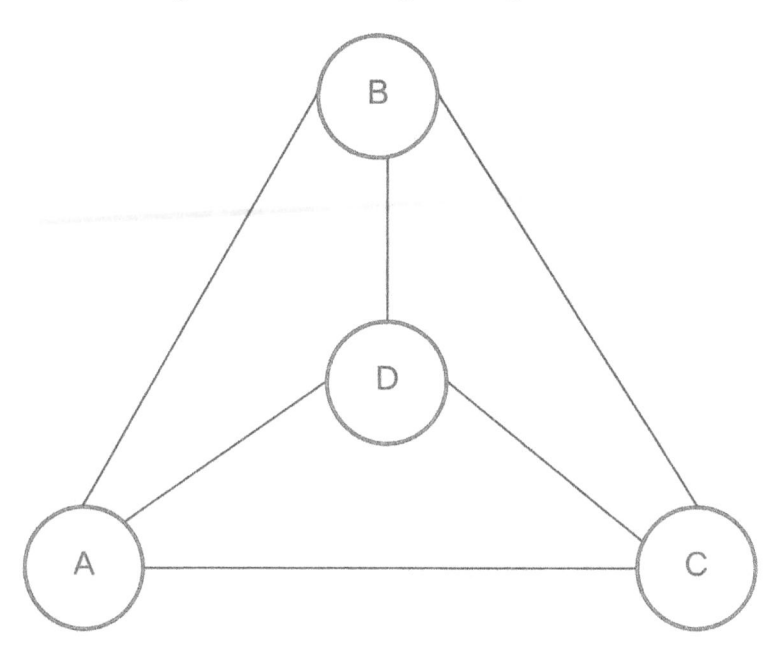

Figura 3.9: Grafo regular de grau 3.

Fonte: Elaborada pelo autor.

3.9 Multigrafo

Um multigrafo ocorre quando pelo menos um par de vértices possui múltiplas arestas os conectando. Na Figura 3.10, temos um multigrafo, pois entre os vértices A e C há duas arestas conectando-as:

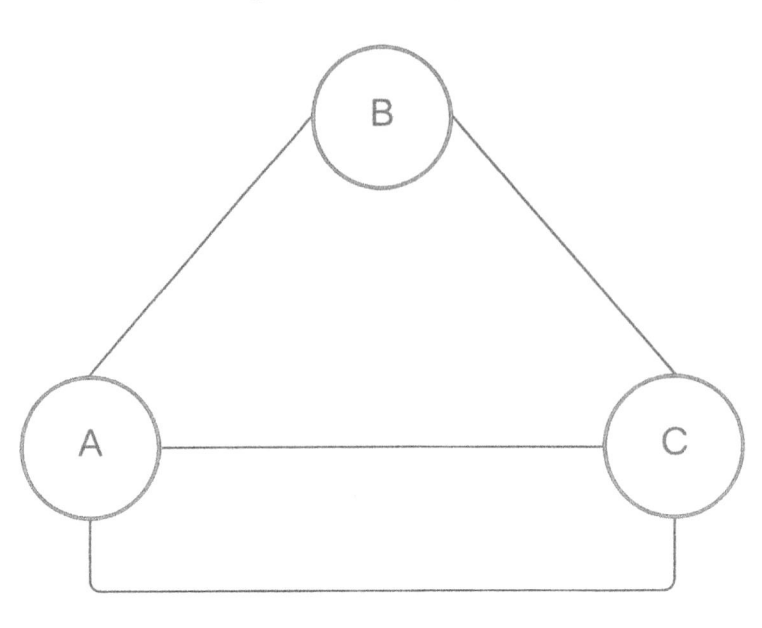

Figura 3.10: Multigrafo.

Fonte: Elaborada pelo autor.

3.10 Grafos planares

Um grafo pode apresentar a característica de ser planar quando uma de suas representações gráficas não apresentar cruzamento de suas arestas. Nesse caso, sendo chamado de grafo plano. Dessa forma, um grafo pode possuir várias representações, se em pelo menos uma delas não ocorrer cruzamentos de arestas, ele é considerado planar. Nem todos os grafos são planares, nesse caso eles são chamados de não planares.

Na figura abaixo, temos um exemplo de um grafo planar com uma representação em que ocorrem cruzamentos de arestas e outra em que temos o grafo plano.

Figura 3.11: Grafo planar e grafo plano.

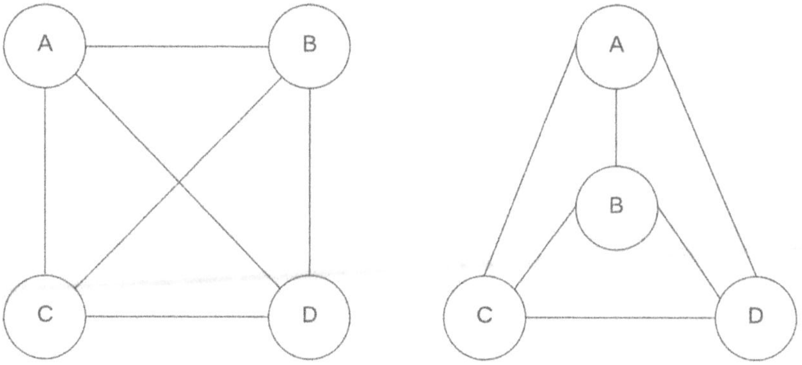

a) Grafo planar

b) Grafo plano

Fonte: Elaborada pelo autor.

3.11 Grafo complementar

Um grafo é considerado complementar de outro quando ambos possuem exatamente os mesmos vértices, porém são conectados com arestas distintas entre eles, sendo complementares entre si.

Tendo dois grafos, estes podem ser disjuntos em vértices quando não possuírem os mesmos vértices em comum. Da mesma forma, dois grafos podem ser disjuntos em arestas quando possuírem os mesmos vértices, porém terem as conexões de arestas diferentes.

Quando dois grafos forem disjuntos em vértices, logo consecutivamente serão disjuntos em arestas, pois não apresentarão os mesmos pontos de conexão. Nesse caso, o inverso não é verdade, pois podemos ter dois grafos disjuntos em arestas, mas que contenham os mesmos vértices, conforme visto na Figura 3.12, em que temos um exemplo de um grafo e seu complementar.

Figura 3.12: Grafo G e seu grafo complementar.

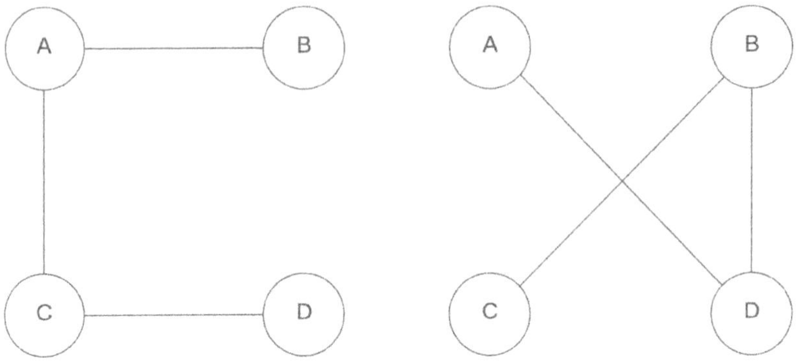

a) Grafo G b) Complemento do grafo G

Fonte: Elaborada pelo autor.

Sendo A um grafo simples, temos que o complemento de A pode ser denotado por Ā, assim V (A) = V (Ā), em que vértices que são adjacentes ao A não devem ser adjacentes ao Ā.

Outro ponto a se considerar é que um grafo simples é auto complementar se for isomorfo ao seu complemento. A união com seu complemento gera o grafo completo, em que todos os vértices se encontram conectados entre si.

3.12 Modelagem de aplicações usando Grafos

Existem diversos tipos de grafos e eles possuem suas propriedades bem definidas. Essas, associadas com o tipo de grafo, permitem obter informações relevantes para diversas finalidades.

A importância dos grafos foi ampliada com o poder computacional que possibilitou modelar diversos problemas em grafos e processá-los com a finalidade de obter informações sobre os objetos relacionados.

Nesse ponto, é importante compreender o potencial real do uso dos grafos para assim tornar mais claros quando a usabilidade e finalidade do que pode ser feito com eles.

A modelagem de um problema em grafos deve considerar três pontos importantes: a definição do problema que se deseja modelar, quais são as entidades ou objetos que serão representados pelos vértices e, por fim, qual é a relação existente entre os vértices que faça com que dois deles estejam conectados entre si, representado pelas arestas.

Considerando esses principais pontos, veremos exemplos práticos de como modelar problemas, tendo como a aplicabilidade os grafos. Com isso será possível compreender o uso dos grafos a fim de esclarecer onde esse conhecimento pode ser empregado e qual a melhor maneira de se alcançar determinados propósitos com seu uso.

3.12.1 Modelagem de circuitos elétricos

Podemos utilizar os grafos para realizar estudos em circuitos elétricos, em que os componentes eletrônicos, como resistores ou fonte, podem ser representados pelos vértices e os filamentos que os conectam pelas arestas, conforme o exemplo na Figura 3.13.

Note que os vértices representam a conexão dos componentes:

Figura 3.13: Grafo de um circuito elétrico.

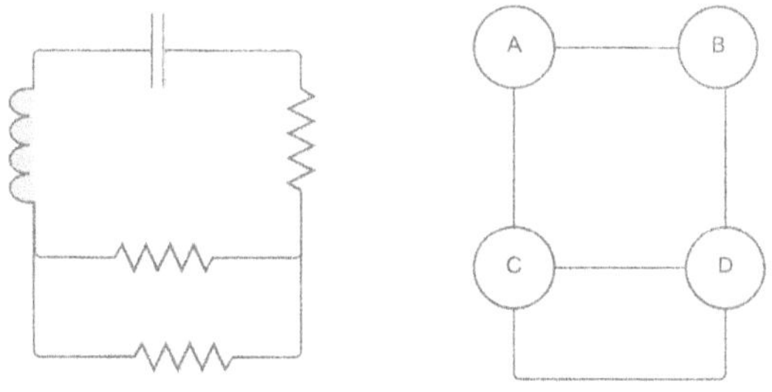

a) Circuito elétrico   b) Grafo correspondente

Fonte: Elaborada pelo autor.

3.12.2 Modelagem de estruturas químicas

Em uma modelagem para grafos de fórmulas químicas, podemos considerar que cada molécula é um vértice e as suas ligações covalentes são as arestas. Essa proposta foi introduzida por Arthur Cayley (1821 – 1895) e foi amplamente aceita.

Por meio de seu uso, é possível utilizar os estudos acerca dos grafos nas estruturas químicas. Na Figura 3.14 veremos um exemplo da conversão entre uma fórmula química e seu correspondente em grafos:

Figura 3.14: Grafo de uma fórmula química.

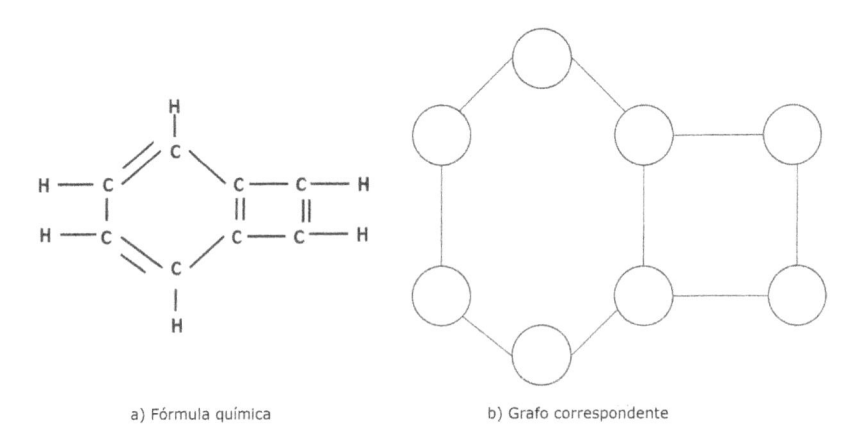

a) Fórmula química   b) Grafo correspondente

Fonte: Elaborada pelo autor.

3.12.3 Redes de computadores

O segmento de redes de computadores pode ser modelado em grafos por meio da seguinte consideração: os vértices como os dispositivos de rede, por exemplo, switch, hub, roteadores, notebook, smartphones ou satélites, e as arestas correspondam às conexões existentes entre eles, representando cabos de cobre, de fibra ótica entre outros.

Por meio do uso dos grafos é possível definir a melhor rota para envio de pacotes entre os dispositivos, além de possibilitar uma compreensão melhor da rede de dispositivos conectados.

Na figura a seguir, veremos um exemplo de uma rede de computadores e sua modelagem em grafos.

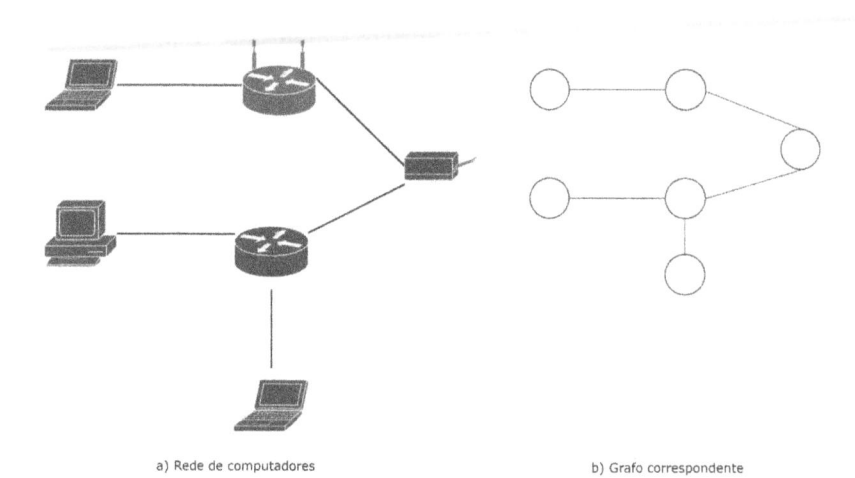

Figura 3.15: Grafo de uma rede de computadores.

a) Rede de computadores   b) Grafo correspondente

Fonte: Elaborada pelo autor.

3.12.4 Redes sociais

Uma das formas de se empregar o uso dos grafos é por meio de análises das redes sociais, principalmente devido à ampla disseminação do seu uso no século XXI.

Como exemplo, temos o Facebook, rede social criada em 2004 e que, em 2023, contabilizava 2,9 bilhões de usuários. Devido à sua aceitação, as possibilidades de estudos associados com o fator social foram muito pesquisadas.

Outras também muito utilizadas são o YouTube e o Instagram, que possuem mais de 2,5 bilhões e 2 bilhões de usuários cadastrados respectivamente.

Por meio dos elos entre os usuários é possível identificar níveis de amizade, relacionamento, graus de interação entre outros, além de possibilitar empregar diversas técnicas existentes em grafos nas suas redes.

Em uma modelagem de uma rede social os vértices são as pessoas e as arestas representam os tipos de relacionamento existentes entre elas, como amizade, parentesco, vínculo empregatício ou de estudos etc.

Na figura, vemos um exemplo de visualização de uma rede social.

Figura 3.16: Grafo de uma rede social.

Fonte: Santos (2013).

3.12.5 Engenharia de software

Outro segmento que identificou as possibilidades de uso dos grafos foi na engenharia de software. Essa área é responsável pela elaboração dos requisitos, definição, implementação, testes e manutenção de novos softwares. Com a finalidade de desenvolver os melhores produtos com a melhor qualidade.

Em todas as etapas do desenvolvimento de um software existem diversos diagramas e fluxos que são utilizados, podendo dividi-los em dois grupos: os diagramas estruturais e os comportamentais.

Os diagramas estruturais têm como finalidade modelar a estrutura e a organização do sistema, com informações sobre classes ou métodos. Já os comportamentais modelam a sequência de execução de um sistema, por exemplo, as atividades implementadas.

Dessa forma, a modelagem de engenharia de software deve considerar que os vértices são os módulos, enquanto as conexões entre eles, as arestas, são as interações entre esses módulos. Na Figura 3.17 veremos um exemplo de um grafo com uma sequência de teste:

Figura 3.17: Grafo de sequência de testes em engenharia de software.

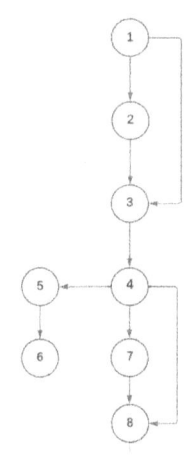

Fonte: Elaborada pelo autor.

3.13 Conclusões

Existem diversos tipos de grafos, cada um com características e possibilidades de uso diversas, com isso é importante compreender bem qual a necessidade de aplicação para conseguir identificar qual o tipo de grafo mais apropriado para ser utilizado.

Por meio da modelagem inicial, deve-se definir se será um grafo direcionado ou não, se será planar ou completo, pois são essas propriedades que permitem navegar por ele explorando corretamente a relação entre seus vértices e arestas.

Cada grafo possui formas de explorar as informações que estão contidas neles, propiciando meios de percorrê-lo de uma maneira mais otimizada e que seja possível realizar buscas com eficácia.

No próximo capítulo, explicaremos como percorrer um grafo de forma mais dinâmica e eficiente, utilizando informações para otimizar o tempo de processamento e identificar as conexões entre seus vértices.

4. CAMINHOS EM GRAFOS

A importância dos grafos não se encontra somente na possibilidade de conseguir modelar algum problema utilizando sua estrutura de vértices e arestas, mas sim de conseguir percorrê-lo identificando padrões e procurando informações de maneira mais fácil e eficaz.

Ao longo dos anos, diversos pesquisadores utilizaram os grafos como material de estudos e conseguiram definir teoremas e métodos que podem ser empregados de forma a simplificar a obtenção de informações.

A seguir, iremos nos aprofundar nos estudos referentes às principais formas de se percorrer um grafo.

4.1 Caminhos de grafos

A composição dos grafos se faz devido à existência de uma relação entre os vértices do mesmo conectados por arestas. Podemos ter grafos nulos, compostos por um único vértice e nenhuma aresta, até os mais densos e completos, formados por dezenas de milhares de vértices conectados entre si.

A forma de se percorrer um grafo vai depender se temos orientação ou não nele. Caso seja um dígrafo, grafo orientado, devemos respeitar a indicação das setas de orientação, caso contrário podemos percorrer os vértices na ordem que desejarmos.

Outro fator que impacta enquanto percorremos um grafo é se repetimos vértices ou arestas em um trajeto, se partimos de um vértice e chegamos em outro de destino ou se percorremos um conjunto deles e chegamos no de origem.

As diversas possibilidades de rumos a serem seguidos em um mesmo grafo impactam no comprimento do caminho escolhido, além de circuitos em que os vértices de origem e de destino são os mesmos.

No grafo direcionado apresentado na Figura 4.1, podemos representar os principais conceitos associados às formas com que um grafo pode ser percorrido:

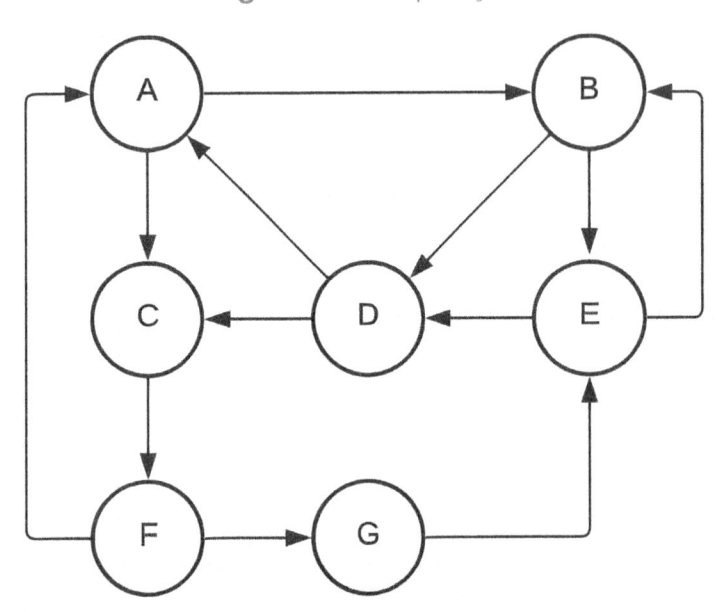

Figura 4.1: Computação.

Fonte: Elaborada pelo autor.

Passeio aberto = A-B-D-E
Passeio fechado = A-B-D-A
Trilha = A-B-D-C-F-G-E-D
Trilha fechada = A-B-D-C-F-G-E-D-A
Caminho = A-B-D-C-F-G
Ciclo = A-C-F-G-E-D-A

Considerando todas as formas de se percorrer o grafo, a importância de determinar o melhor caminho é muito grande. Imaginemos, por exemplo, um que contenha o mapeamento de todas as ruas e avenidas de uma cidade.

Nesse caso, modelaríamos as esquinas como os vértices e as ruas e avenidas como arestas, além de considerar um grafo orientado, já que as vias possuem sentido de tráfego, seja este em único ou em ambos os sentidos.

Para identificar qual o melhor caminho a ser seguido entre um ponto e outro, é preciso saber como trabalhar com o grafo, quais técnicas existem e como utilizá-las adequadamente.

4.1.1 Fecho transitivo

Um conceito importante associado com um grafo é a característica de que, partindo de um determinado vértice, é possível chegar em quaisquer outros vértices. Para isso, é preciso existir algum caminho entre o vértice de partida e os outros de chegada.

A esse conceito damos o nome de alcançabilidade, em que um vértice A é alcançável a partir de outro B. Se existir um caminho entre A e B e o conjunto de todos os vértices alcançáveis a partir de A são todos os que possuem algum caminho, independentemente do tamanho que os conectem.

Nesse caso, podemos ter uma transitividade que ocorre da seguinte forma:

Transitividade:
- A partir de A, é possível alcançar B;
- A partir de B, é possível alcançar C;
- Logo, a partir de A, é possível alcançar C.

Desse modo, a relação de alcançabilidade é transitiva, e o **Fecho Transitivo** de um vértice A é o conjunto de todos os vértices do grafo que são alcançáveis a partir de A.

Para obter o fecho transitivo de um grafo, devemos obter todos os vértices alcançáveis a partir de cada vértice dele. Por exemplo, sendo o grafo G direcionado apresentado na Figura 4.2, o fecho transitivo de G é obtido considerando a alcançabilidade para cada vértice:

Figura 4.2: Fecho transitivo.

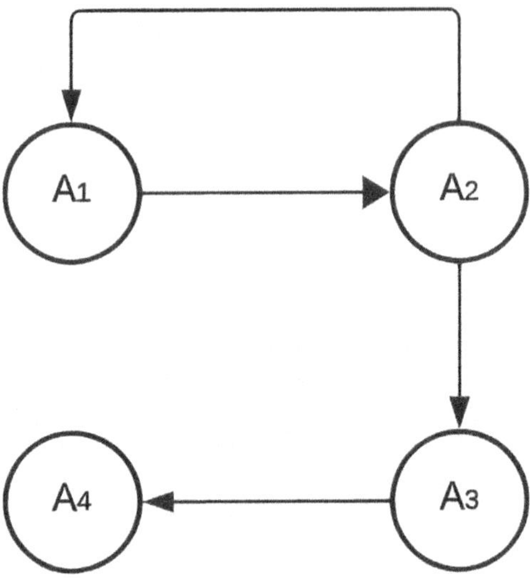

Fonte: Elaborada pelo autor.

Assim, devemos fazer:
A partir do vértice A_1, conseguimos alcançar: A_2, A_1, A_3 e A_4;
A partir do vértice A_2, conseguimos alcançar: A_1, A_2, A_3 e A_4;
A partir do vértice A_3, conseguimos alcançar: A_4;
A partir do vértice A_4, não conseguimos alcançar nenhum outro vértice.
Então o fecho transitivo de G é:
$\{(A_1, A_2), (A_1, A_1), (A_1, A_3), (A_1, A_4), (A_2, A_1), (A_2, A_2), (A_2, A_3), (A_2, A_4), (A_3, A_4)\}$.

Existem dois tipos de fechos transitivos, o direto e o indireto:

Fecho Transitivo Direto:
O fecho transitivo direto de um vértice A é o conjunto **dos** que são alcançáveis a partir de A, em que estes vértices são chamados de sucessores ou descendentes. Na Figura 4.3, vemos o fecho transitivo direto a partir do A_3:

Figura 4.3: Fecho transitivo direto do vértice A3.

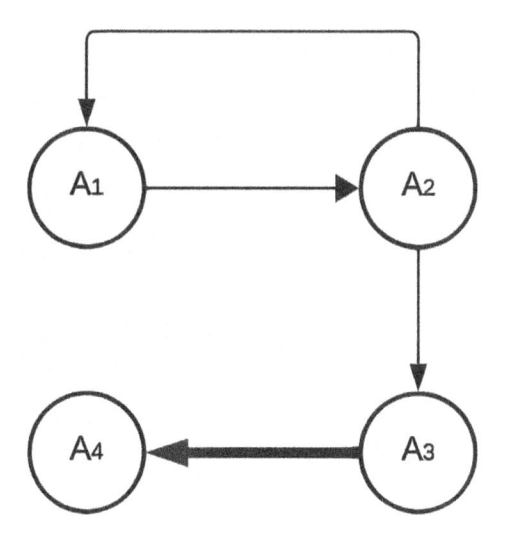

Fonte: Elaborada pelo autor.

A partir de A_3 somente é alcançável o vértice A_4. Logo, o conjunto de vértices associados com o fecho transitivo direto é: FechoDireto $(A_3) = \{A_4\}$

Fecho Transitivo Indireto:
O fecho transitivo indireto é o conjunto de vértices do grafo que conseguem alcançar A, e eles são chamados de antecessores ou ascendentes de A.

Na figura a seguir, vemos um exemplo do fecho transitivo indireto para o vértice A_3:

Figura 4.4: Fecho transitivo indireto para o vértice A3.

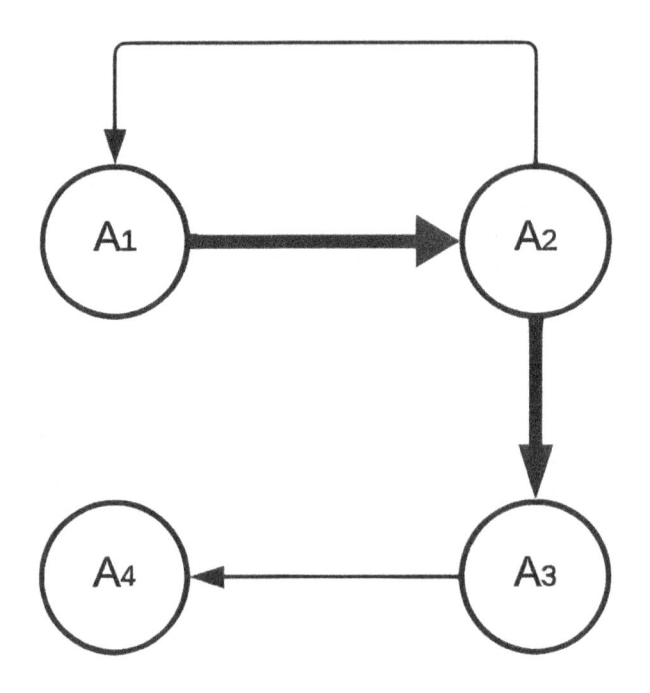

Fonte: Elaborada pelo autor.

Os vértices que alcançam o A_3 são o A_1 e o A_2. Dessa forma, o conjunto de vértices associados com o fecho transitivo indireto é: FechoIndireto $(A_3) = \{A_1, A_2\}$.

Quando temos um grafo não direcionado, então todos os vértices são alcançáveis a partir de qualquer um, desde que contenha ao menos uma aresta conectando o vértice ao grafo. Por exemplo, na figura a seguir veremos o mesmo grafo não direcionado, em que qualquer vértice é alcançável pelos demais.

Figura 4.5: Alcançabilidade em grafo não direcionado.

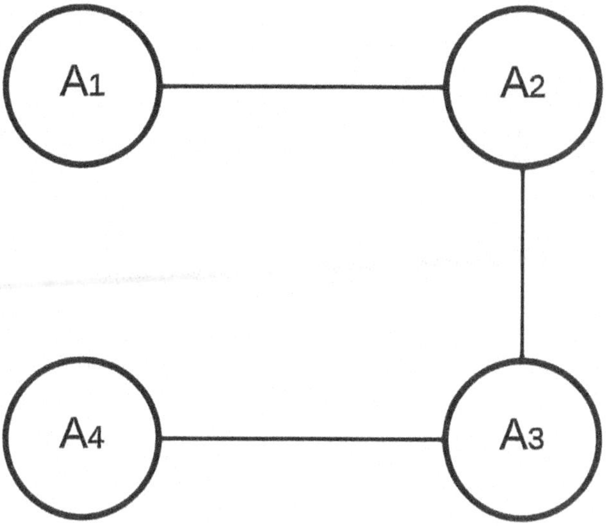

Fonte: Elaborada pelo autor.

A seguir, veremos dois tipos de interpretação de caminhos em grafos, para quais problemas são direcionados e quais são as soluções propostas: os ciclos Eulerianos e Hamiltonianos.

4.2 Ciclos Eulerianos

Quando Euler apresentou a proposta de grafos, em 1736, a sua intenção era a de solucionar o problema das sete pontes de Königsberg, referente à possibilidade de conseguir percorrer todas elas uma única vez, saindo e chegando ao mesmo ponto.

Na figura, vemos o grafo que representa esse problema abordado por Euler. Nele os vértices representam as ilhas e lados do continente e as pontes são representadas pelas arestas.

Figura 4.6: Grafo das sete pontes de Königsberg.

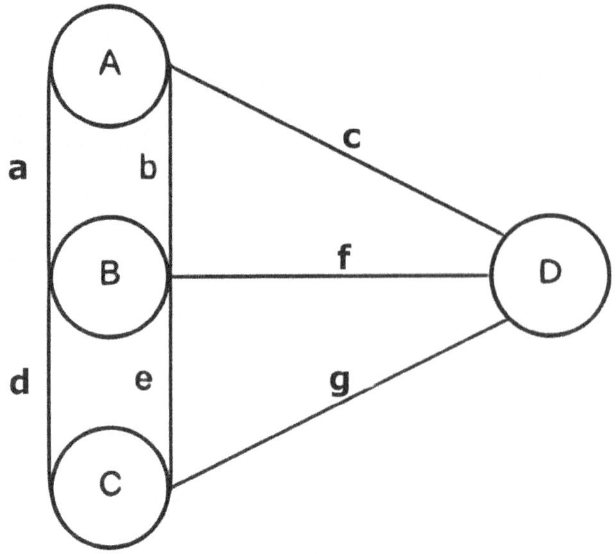

Fonte: Elaborada pelo autor.

Dessa forma, surgiu a definição de grafo Euleriano, que atende à necessidade inicial do grafo de Euler: encontrar um caminho que percorra todas as arestas uma única vez, independente de quantas vezes cada vértice fosse visitado.

4.2.1 Grafo não orientado

Para que um grafo consiga atender aos requisitos de ser Euleriano é preciso que ele seja um multigrafo conexo, em que todos os seus vértices tenham grau par. Lembrando que um grafo é conexo quando é possível encontrar todos os vértices do grafo a partir de qualquer outro.

Um grafo não orientado pode ser Euleriano e, nesse caso, temos também um circuito ou ciclo denominado circuito Euleriano.

Outra possibilidade é a de não haver esse circuito, mas sim uma trilha Euleriana, nesse caso ela se inicia em um vértice de origem e finaliza em um de destino que seja distinto ao de origem e que passe por todas as arestas do grafo.

Quando ocorrer uma trilha euleriana, caso esta tenha no máximo dois vértices de grau ímpar, então o grafo será chamado de semieuleriano. Além disso, a trilha sempre deverá iniciar em um vértice de grau ímpar e ter como destino um outro de grau ímpar.

Na próxima figura, veremos um exemplo de um grafo Euleriano e outro semieuleriano, em que os vértices A e D possuem grau ímpar igual a 3.

Figura 4.7: Grafo das sete pontes de Königsberg.

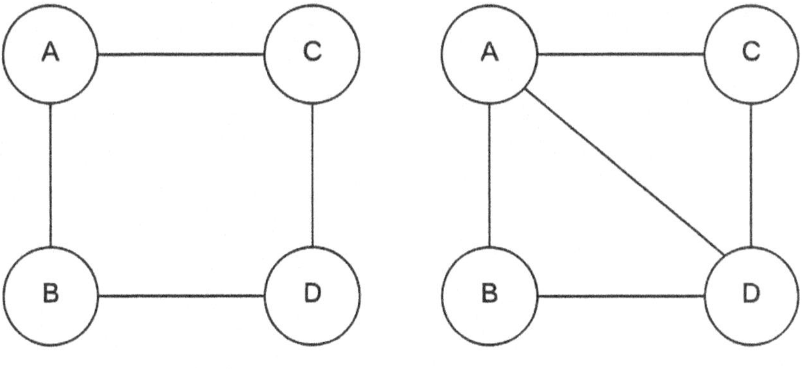

a) Grafo Euleriano   b) Grafo Semieuleriano

Fonte: Elaborada pelo autor.

Considerando esses pontos apresentados, podemos voltar ao problema das pontes de Königsberg apresentado na Figura 4.1. Para cada vértice temos os seguintes graus:

Vértice A: grau = 3
Vértice B: grau = 5

Vértice C: grau = 3
Vértice D: grau = 3

Nesse problema, temos quatro vértices de grau ímpar, ou seja, não é um grafo Euleriano nem semieuleriano e, com isso, Euler conseguiu demonstrar que o problema das pontes não tinha solução.

4.2.2 Grafo orientado

Um grafo orientado também pode Euleriano, a premissa é a mesma de que consigamos percorrer todas as arestas uma única vez, porém, nesse caso, precisamos verificar os graus de entrada e de saída dos vértices.

Uma trilha orientada que percorra todas as arestas de um dígrafo é chamada de trilha euleriana. Caso tenhamos um dígrafo não euleriano que possua uma trilha euleriana, então temos um dígrafo semieuleriano. Na Figura 4.8 vemos um dígrafo euleriano, podemos verificar com o vértice A, por exemplo, que o grau de entrada é igual ao de saída do vértice, em que no exemplo temos o valor 2:

Figura 4.8: Dígrafo euleriano.

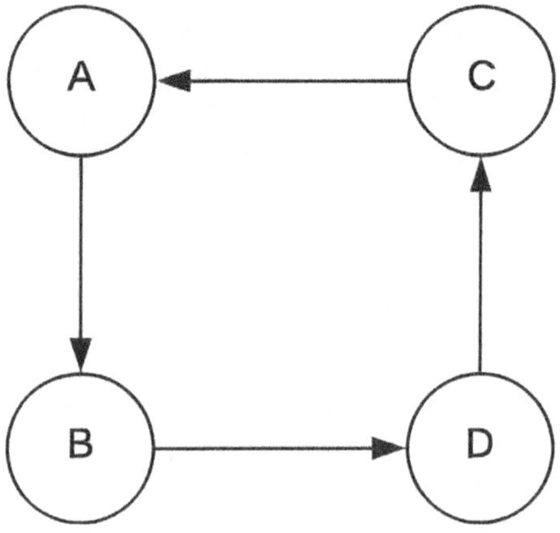

Fonte: Elaborada pelo autor.

Nesse grafo, para todos os vértices temos o mesmo grau de entrada e de saída, que é 1. Dessa forma, é um grafo Euleriano.

Um grafo semieuleriano também pode ocorrer em orientados. Para que isso ocorra, nem todos os vértices podem possuir o mesmo grau de entrada e saída, tendo a limitação de que existam dois vértices que pertençam ao grafo em que a diferença entre o grau de entrada e o de saída de ambos é 1.

Considerando ge() o grau de entrada e gs() o de saída, em um grafo semieuleriano, devemos ter sempre dois vértices que atendam:

ge (X) – gs (X) = 1
ge (Y) – gs (Y) = 1

E para todos os demais vértices do grafo devemos ter: ge (V) = gs (V).

4.3 Ciclos Hamiltonianos

Quando um grafo conexo possui como característica ser possível percorrer todos os seus vértices passando por eles uma única vez, ele é chamado de grafo Hamiltoniano e possui um circuito ou ciclo Hamiltoniano. Se for direcionado, então o ciclo também será.

Esse tipo de problema foi apresentado inicialmente pelo matemático Sir. W. R. Hamilton como base para o jogo chamado *Dodecaedro do Viajante*. Este tinha a proposta de visitar cada ponto uma única vez e percorrer todos os pontos do grafo. Na figura a seguir, vemos como era a disposição do grafo desse jogo.

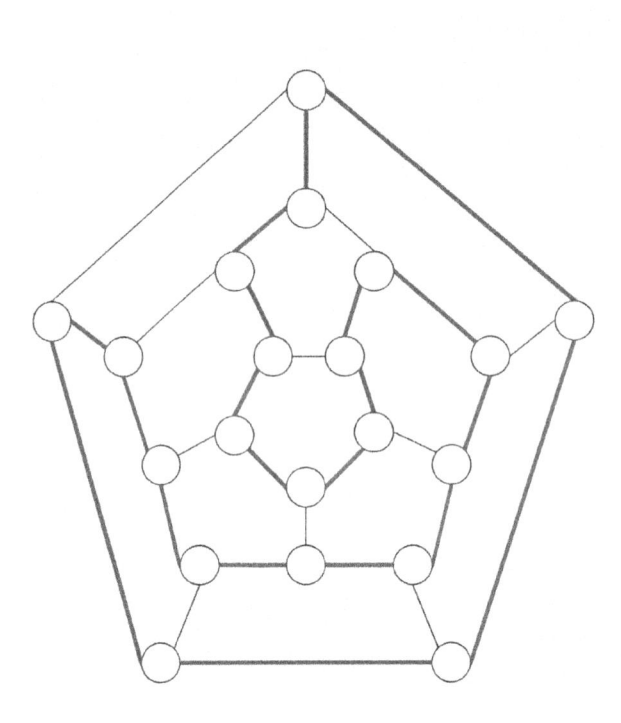

Figura 4.9: Grafo Hamiltoniano

Fonte: Elaborada pelo autor.

Na Figura 4.9 o ciclo Hamiltoniano está marcado em negrito. Note que, independente de qual vértice escolher como origem, este deverá ser o mesmo de destino; desse modo, o ponto de partida é o de chegada.

Quando temos um grafo em que seja possível realizar um caminho aberto que percorra todos os vértices dele, porém no qual o vértice de origem é diferente do de destino, então temos um grafo semi-hamiltoniano. Neste não temos um ciclo hamiltoniano, pois o caminho não é circular.

Nesta figura, vemos um exemplo de um grafo semi-hamiltoniano. Repare que se tivéssemos uma aresta conectando o vértice A com o vértice D, logo teríamos um grafo Hamiltoniano.

Figura 4.10: Grafo semi-hamiltoniano

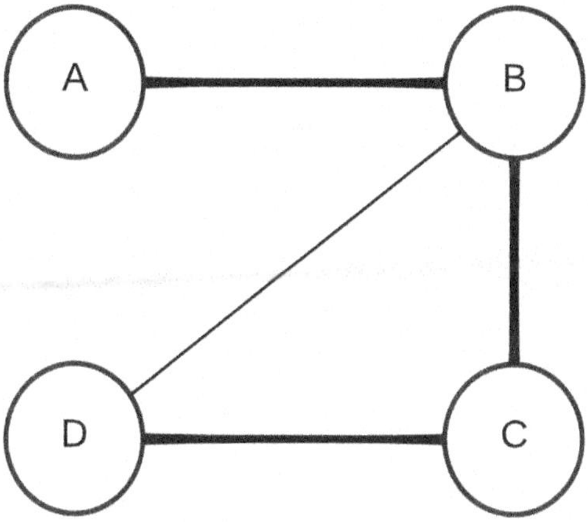

Fonte: Elaborado pelo autor.

4.3.1 Teorema de Dirac

Em 1952 foi proposto o teorema de Dirac relacionado aos ciclos Hamiltonianos. O teorema estabelece que ao considerar um grafo G com número de vértices |V| = n, logo:

Se n ≥ 3 vértices e, para cada vértice v do grafo, tendo como grau mínimo:

Grau (v) ≥ $\frac{n}{2}$, então o grafo G é hamiltoniano.

Vamos exemplificar com o exemplo da figura:

Figura 4.11: Teorema de Dirac em um grafo hamiltoniano

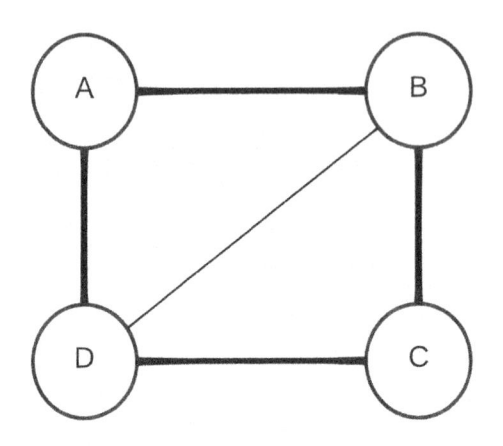

Fonte: Elaborada pelo autor.

Nesse exemplo, temos 4 vértices: A, B, C e D, |V| = 4 e com isso |V| ≥ 3, agora é preciso verificar o grau de cada um, que deve ser maior ou igual a:

$$\frac{|V|}{2}$$

Como |V| = 4, então $\frac{4}{2} = 2$.

Podemos separar os vértices em dois grupos: para A e C, temos grau 2, assim atende ao requisito, já que é igual ao grau esperado. Para os vértices B e D, temos grau 3, ou seja, maior que 2, então pelo teorema de Dirac esse grafo é hamiltoniano.

A importância da aplicação do teorema de Dirac é garantir que existam ciclos Hamiltonianos em um grafo, conseguindo percorrer todos os vértices uma única vez.

Pode-se demonstrar o teorema de Dirac por absurdo, considerando o seguinte, tendo o grafo G da figura a seguir:

Figura 4.12: Demonstração do Teorema de Dirac.

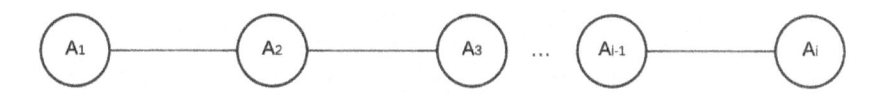

Fonte: Elaborada pelo autor.

Temos um caminho que percorra A_1, A_2, A_3 ... A_{i-1} e A_i. Dessa forma, todo vértice que é adjacente ao A_1 e adjacente ao A_i pertencem ao grafo G, e o grau máximo de A_1 e A_i é i-1.

Considerando que deve existir um j, em que $1 \leq j \leq i-1$, de tal forma que A_1 seja adjacente ao A_{j+1} e A_j adjacente ao A_i, conforme demonstrado na figura a seguir:

Figura 4.13: Demonstração do Teorema de Dirac por absurdo.

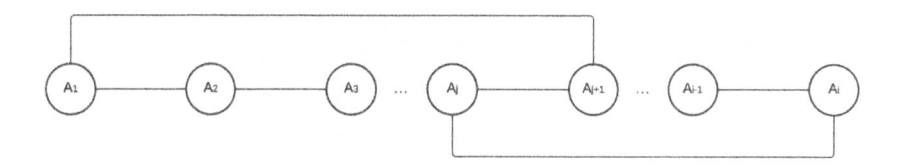

Fonte: Elaborada pelo autor.

Então vamos considerar que A_j é adjacente ao A_i e que A_{j+1} não é adjacente ao A_1, assim teremos o seguinte:

grau $(A_i) \leq$ i – 1 – grau(A_1), o que implica que grau (A_1) + grau $(A_i) \leq$ i – 1.

Com isso:

$$\text{grau}(A_j) \leq i - 1 - \frac{n}{2} < n - \frac{n}{2}\frac{n}{2} = \frac{n}{2}$$

O que é um absurdo, pois pela hipótese temos que o grau mínimo deve ser $\geq \frac{n}{2}$.

Nesse grafo G da Figura 4.14, podemos considerar que ele não é hamiltoniano, para isso deve existir pelo menos um vértice B que não está em G, porém como o grau mínimo do grafo deve ser: grau(G) $\geq \frac{n}{2} \geq \frac{n-1}{2}$, assim temos o resultante da figura:

Figura 4.14: Demonstração do Teorema de Dirac.

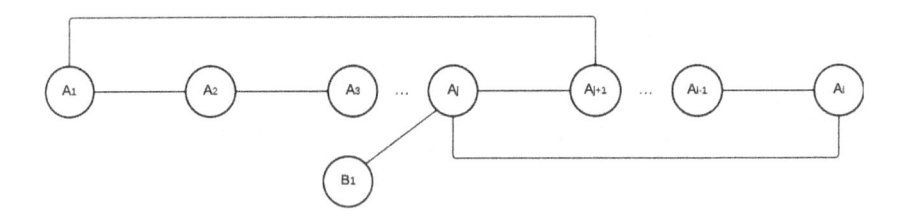

Fonte: Elaborada pelo autor.

Iniciando um caminho nesse grafo em B_1 que passa por A_i e continua percorrendo os vértices, resultaria em um caminho maior que o grafo original sem o B_1, o que é um absurdo, porque o caminho anterior já era o de maior comprimento do grafo G. Portanto, G é um grafo hamiltoniano.

4.3.2 Teorema de Ore

Quase dez anos após o teorema de Dirac, em 1961, foi apresentado outro para provar que um grafo é Hamiltoniano, o teorema de Ore. Este teorema considera que, caso a soma dos graus de cada par de vértices não adjacentes seja no mínimo de ordem n, então é uma condição suficiente para indicar que o grafo é hamiltoniano.

Por exemplo, tendo um grafo de ordem n > 3 e dois vértices não adjacentes u e v, em que grau(u) + grau(v) ≥ n, então é um grafo hamiltoniano.

Como demonstração podemos considerar que um grafo G possui dois vértices A_1 e A_2 não adjacentes que se encontram no mesmo componente. Sendo assim, temos que grau(A_1) + grau(A_2) ≥ n e tendo o conjunto S, em que S = V − {A_1, A_2} com n − 2 elementos. Ao menos um vértice de S deverá ser adjacente a A_1 e A_2.

Considerando um caminho com comprimento máximo em que suas extremidades são A_1, e A_2, caso A_1 e A_2 sejam adjacentes, então teremos a situação absurda em que n ≤ grau (A_1) + grau (A_2) ≤ n − 1.

Note que o que foi exposto por Dirac implica na condição de Ore referente aos vértices adjacentes. Um exemplo simples de um grafo que atenda tanto as condições de Dirac quanto de Ore é visto na figura:

Figura 4.15: Grafo hamiltoniano segundo o Teorema de Dirac e de Ore.

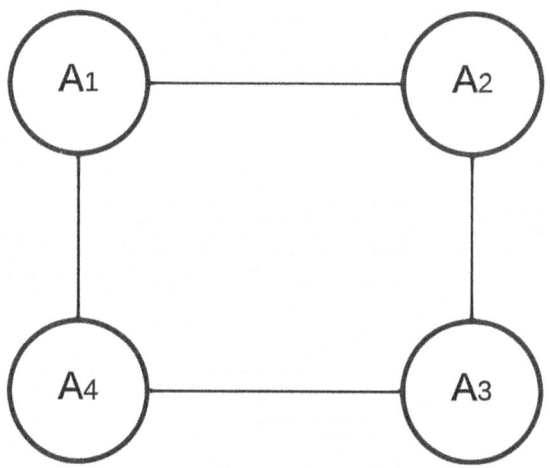

Fonte: Elaborada pelo autor.

4.3.3 Teorema de Bondy & Chvátal

Em 1976 John Adrian Bondy e Václav Chvátal propuseram uma forma para determinar se um grafo é ou não hamiltoniano, considerando a ordem dele e as adjacências dos vértices.

Tendo um grafo G de ordem n e tendo A_1 e A_2, vértices não adjacentes em G, no qual o grau (A_1) + grau $(A_2) \geq n$. Nesse caso, G é hamiltoniano se e somente se G + uv for hamiltoniano.

A demonstração é direta, considere que G é hamiltoniano, dessa forma, G + A_1A_2 é um grafo hamiltoniano. Vamos supor que G' = G + A_1A_2 também é hamiltoniano, para isso, deve existir um ciclo G' em que não se repete nenhum vértice.

Caso esse ciclo não utilize A_1A_2, então temos um ciclo hamiltoniano em G, caso utilize a aresta A_1A_2, logo, temos um caminho hamiltoniano em G, no qual as extremidades são A_1 e A_2.

Dessa teoria surgiu o conceito do fecho de um grafo, em que este possui n vértices é representado por:

$F_n(G)$.

O fecho de um grafo G é o grafo obtido de G adicionando recursivamente arestas que conectem pares de vértices não adjacentes u e v, de tal forma que:

grau (u) + grau (v) $\geq$ n.

O fecho F(G) é único, não sendo influenciado pela ordem com que as arestas são inseridas. Se o fecho de um G for um grafo completo, então G será hamiltoniano.

4.4 Problema do Caixeiro-Viajante

Existem diversas aplicações tanto para os ciclos eulerianos quanto para os hamiltonianos, dentre elas o Problema do Caixeiro-Viajante

(PCV) é um dos exemplos mais tradicionais, do inglês *travelling salesman problem* (TSP).

Um caixeiro-viajante é o nome dado a um antigo profissional que comercializava diversos produtos entre as cidades em uma época em que o transporte não era tão facilitado. Dessa forma, a atuação dos caixeiros era muito importante para a população.

Como o caixeiro precisava visitar diversas cidades que se encontravam distantes entre si, ele precisava definir qual o melhor trajeto para otimizar sua rota, tendo como objetivo sair de um ponto inicial, visitar todos os demais e retornar para o mesmo ponto de origem.

Posto isso, o problema consiste em definir uma rota que apresente o menor custo possível, podendo este ser distância, tempo de viagem ou consumo de combustível.

Podemos modelar o problema em um grafo conexo que seja rotulado, em que cada cidade é representada por um vértice e as rotas entre elas pelas arestas que possuem o peso que deseja utilizar na análise. Nesse grafo, deve-se encontrar um ciclo de peso mínimo que percorra cada vértice dele pelo menos uma vez.

Podemos exemplificar o problema com o grafo apresentado na figura:

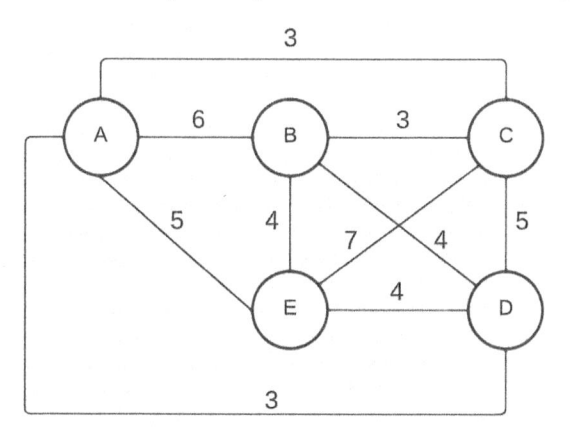

Figura 4.16: Exemplo do problema do caixeiro-viajante.

Fonte: Elaborada pelo autor.

Para solucionar o problema, pode-se percorrer todas as rotas possíveis, anotando qual o peso obtido entre elas. No exemplo da Figura 4.16, podemos ter uma rota {A, B, C, D, E, A} na qual o valor obtido é a soma dos pesos: 6 + 3 + 5 + 4 + 5 = 23 km.

Porém, nesse caso, a melhor rota obtida é {A, C, B, D, E, A}, em que temos: 3 + 3 + 4 + 4 + 5 = 19 km. Ou seja, é preciso identificar como obtê-la, contudo esse problema é considerado de difícil solução, não tendo um algoritmo ideal que o resolva.

Nesse problema, temos cinco cidades (ou vértices), para se obter o número máximo de rotas devemos calcular da seguinte forma: sendo n o número de vértices, logo fazemos: $(n - 1)!$.

No exemplo visto, temos 5 vértices, então $(5 - 1)! = 4 * 3 * 2 * 1 = 24$ possibilidades. Se tivermos 10 vértices, então o problema fica: $9! = 9 * 8 * 7 * 6 * 5 * 4 * 3 * 2 * 1 = 362.880$. Agora, se aumentarmos em mais 5 vértices, tendo 15 no total, o valor de rotas fica na ordem de 87 bilhões de possibilidades.

A ordem de grandeza das possibilidades de caminhos a serem percorridos aumentou de forma exponencial conforme a quantidade de vértices aumenta. Por isso, apesar da dificuldade imposta pela problemática, diversos estudiosos procuram identificar qual a melhor forma de resolver o problema.

Até o momento, embora tenham sido realizadas inúmeras pesquisas e estudos, não foi apresentado um algoritmo eficiente que consiga resolver o problema do caixeiro-viajante, mesmo com sua importância e aplicabilidade.

Entretanto, existem soluções que conseguem apresentar uma abordagem para o problema do caixeiro, apesar de não serem consideradas a solução definitiva. Elas são as possibilidades de conseguir obter uma resposta ao problema, apresentando cada uma suas vantagens e desvantagens.

A seguir, veremos as principais soluções existentes.

4.4.1 Vizinho mais próximo

Uma das soluções mais simples de serem implementadas e que conseguem solucionar o problema do caixeiro-viajante é a inserção do vizinho mais próximo, que também é considerado como a empregabilidade de um algoritmo guloso.

Um algoritmo guloso é aquele que vai gerando uma solução de maneira iterativa, em que a cada iteração seleciona um caminho que tem como finalidade minimizar o custo da solução final, tentando obter um valor próximo ou igual ao valor ótimo.

Na primeira iteração, o primeiro vértice do caminho é escolhido de forma aleatória. Então, em cada repetição é identificado qual caminho, ou aresta, apresenta o menor peso que é seguido. Dessa forma, dependendo de qual for o vértice inicial podemos obter soluções muito boas, assim como muito ruins.

Essa solução é de fácil implementação, porém dificilmente é a ótima, pois não considera todo o cenário em que os vértices e suas conexões se encontram, mas apenas aqueles adjacentes ao visitado.

Podemos representar o algoritmo da seguinte forma:

Etapa 1: Selecionar um vértice de forma aleatória, marcar ele como visitado e adicioná-lo no conjunto de vértices da solução;
Etapa 2: Para o vértice visitado, identificar qual é adjacente a ele que não tenha sido visitado e que apresenta o menor peso, então adicionar esse vértice destino no conjunto de vértices da solução;
Etapa 3: Marcar o vértice de destino como visitado e realizar o mesmo procedimento, de procura do caminho com custo mínimo;
Etapa 4: Verificar se todos os vértices foram visitados e adicionados ao conjunto, se sim, interromper e considerar que encontrou a solução, caso contrário, voltar à etapa 2.

Para exemplificar, vamos considerar o seguinte grafo:

Figura 4.17: Grafo para exemplo do vizinho mais próximo.

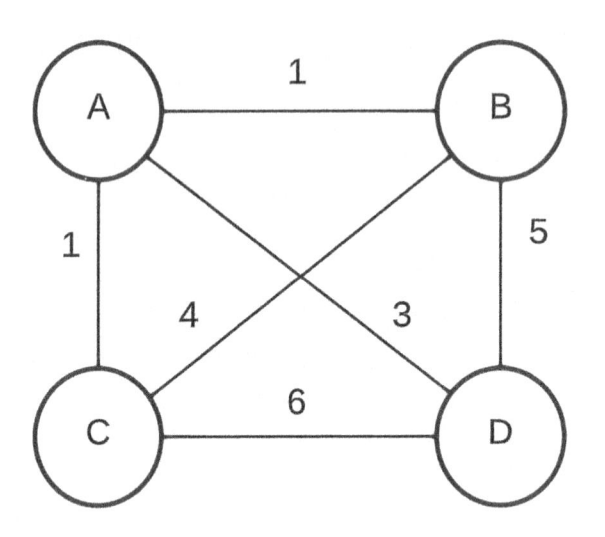

Fonte: Elaborada pelo autor.

Nesse exemplo, inicialmente todos os vértices não foram visitados e o conjunto de solução se encontra vazio. Assim, vamos considerar que o primeiro vértice selecionado aleatoriamente é o A, desse modo, marcamos ele como visitado e o inserimos no conjunto solução:

Solução = {A}

Figura 4.18: Primeiro vértice selecionado: A.

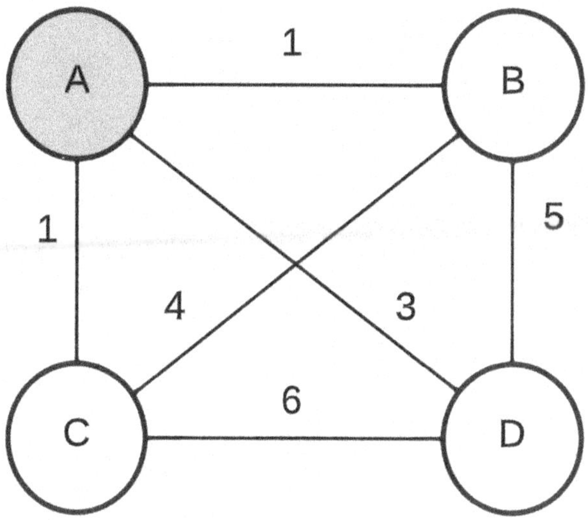

Fonte: Elaborada pelo autor.

A partir do vértice A, devemos verificar se existem adjacentes não visitados e qual o custo deles. No caso do A, temos três vértices adjacentes: B, conectado por uma aresta de peso 1, D por uma aresta de peso 3 e C com peso 1. Tanto para chegar aos vértices B quanto C temos o mesmo custo, e assim as possibilidades de solução se tornam diferentes conforme a escolha desse próximo vértice.

Dependendo da aresta selecionada, o algoritmo irá percorrer os demais vértices considerando um caminho, o qual pode variar na solução final apresentada.

Vamos seguir a ordem alfabética e assim iremos escolher a aresta AB. Desta forma, adicionamos o vértice B no conjunto de visitados:

Solução = {A, B}

Figura 4.19: Percorrendo o caminho AB.

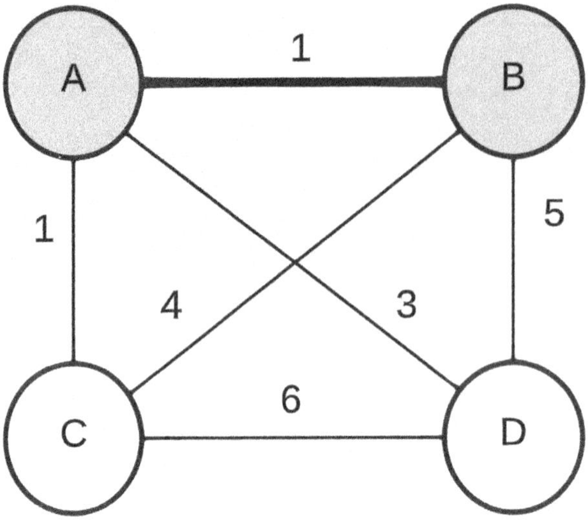

Fonte: Elaborada pelo autor.

Agora o último vértice visitado e adicionado no conjunto solução se torna o próximo ao qual devemos verificar os pesos dos adjacentes. Para isso, primeiro devemos ver se existem vértices não visitados adjacentes a ele, no caso do B temos os C e D não visitados, sendo que os pesos são:

BC = 4;
BD = 5.

Nesse caso, o caminho a ser seguido é BC, com peso 4. Então, adicionamos o vértice C no conjunto solução:

Solução = {A, B, C}

Marcamos o vértice C como visitado e consideramos este caminho até o momento:

AB – BC.

Dessa forma, obtendo a representação:

Figura 4.20: Percorrendo o caminho BC.

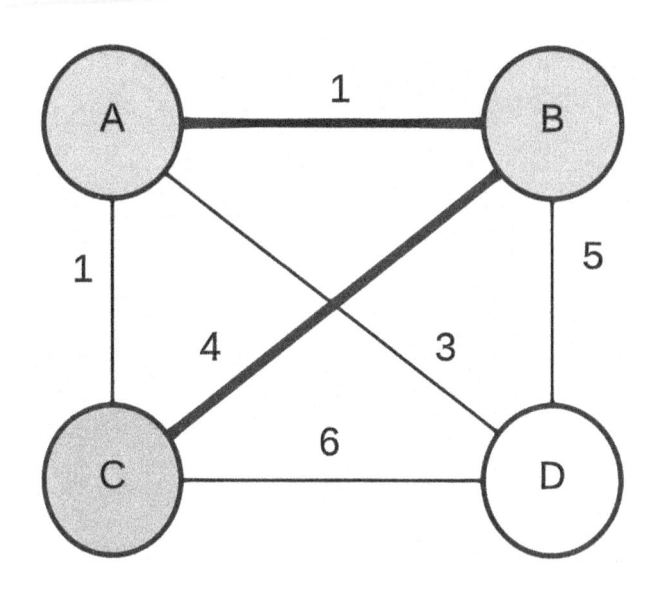

Fonte: Elaborada pelo autor.

Nessa etapa, estamos no vértice C, devemos verificar se existem adjacentes não visitados, no caso temos somente o D, então a escolha é simples, o caminho é CD. Dessa forma, adicionamos D no conjunto solução, marcamos o vértice D como visitado e consideramos o caminho, assim tendo:

Solução = {A, B, C, D}

Figura 4.21: Alcançando o vértice D.

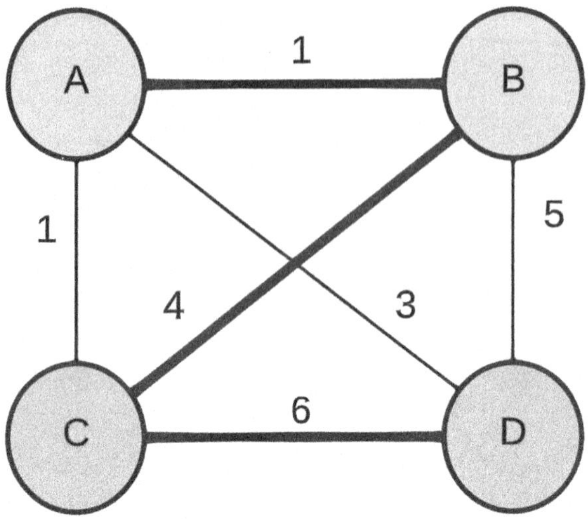

Fonte: Elaborada pelo autor.

No vértice D devemos novamente verificar se existem adjacentes não visitados, se a resposta for nula, todos os vértices adjacentes a ele já foram visitados.

Nesse momento devemos finalizar o ciclo, ou seja, do vértice D devemos ir ao vértice inicial do procedimento, no caso o A, assim finalizando definitivamente o procedimento da busca do caminho.

Para isso, devemos pegar o vértice inicial e adicionar novamente no conjunto solução e considerar o caminho:

AB – BC – CD – DA

Obtendo então a seguinte representação da solução do problema do caixeiro-viajante neste grafo:

Solução = {A, B, C, D, A}

Figura 4.22: Solução do problema do caixeiro-viajante.

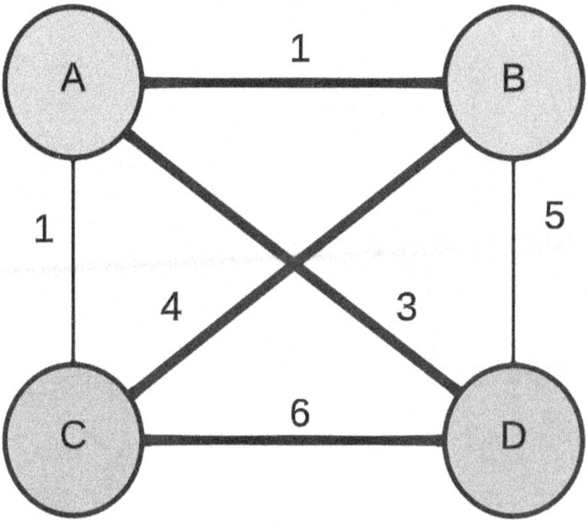

Fonte: Elaborada pelo autor.

Nessa solução, o custo de todo o caminho desde o vértice A até o retorno a ele passando por todos os demais vértices é obtido pela somatória de todos os pesos do caminho escolhido, então temos:

AB – BC – CD – DA = 1 + 4 + 6 + 3 = 14

Como a escolha do primeiro vértice é aleatória, se tivéssemos escolhido inicialmente outro vértice obteríamos outra solução diferente, mesmo para esse grafo aparentemente simples.

Vamos considerar que em vez de A tivéssemos escolhido inicialmente o vértice B, logo marcaríamos B como visitado, incluiríamos ele no conjunto solução, e assim teríamos:

Solução = {B}

Figura 4.23: Primeiro vértice selecionado: B.

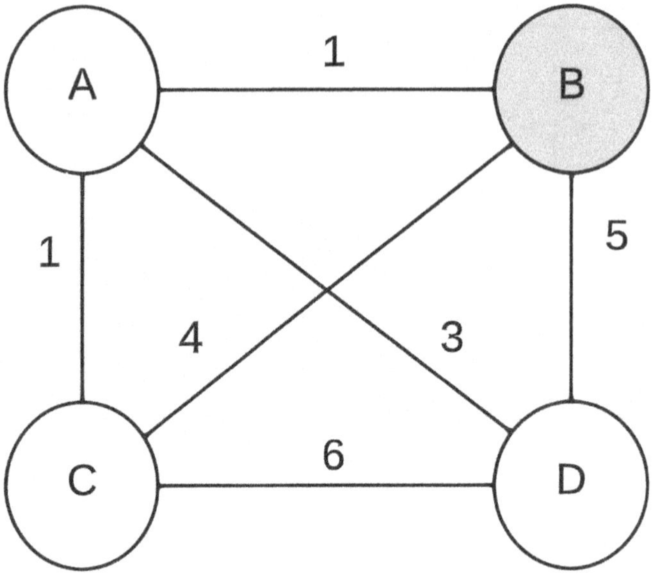

Fonte: Elaborada pelo autor.

A partir de B temos como vértices adjacentes não visitados A, C e D, dos quais o com menor peso é o A, cujo peso da aresta é 1, então marcamos A como visitado, incluímos ele no conjunto solução e identificamos o caminho:

Solução = {B, A}

Figura 4.24: Caminho até o vértice A.

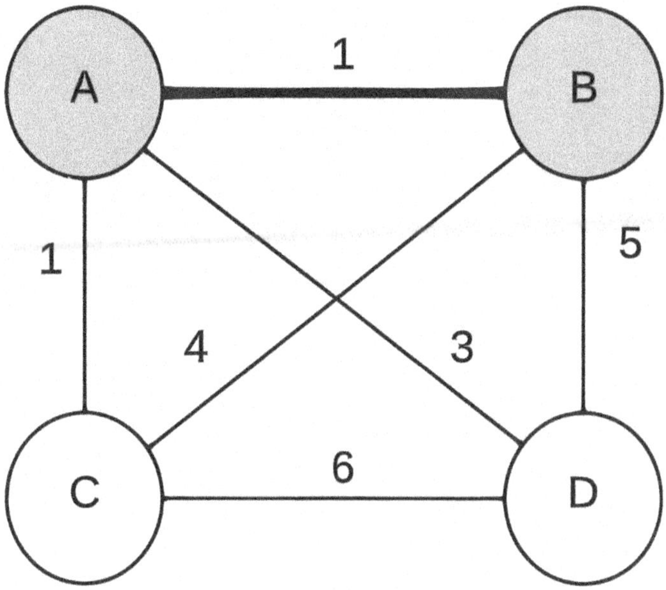

Fonte: Elaborada pelo autor.

A partir de A temos as possibilidades dos vértices C ou D, em que o peso para C é o menor, igual a 1, logo incluímos C no conjunto solução, marcamos como visitado e identificamos o caminho escolhido:

Solução = {B, A, C}

Figura 4.25: Caminho até o vértice C definido.

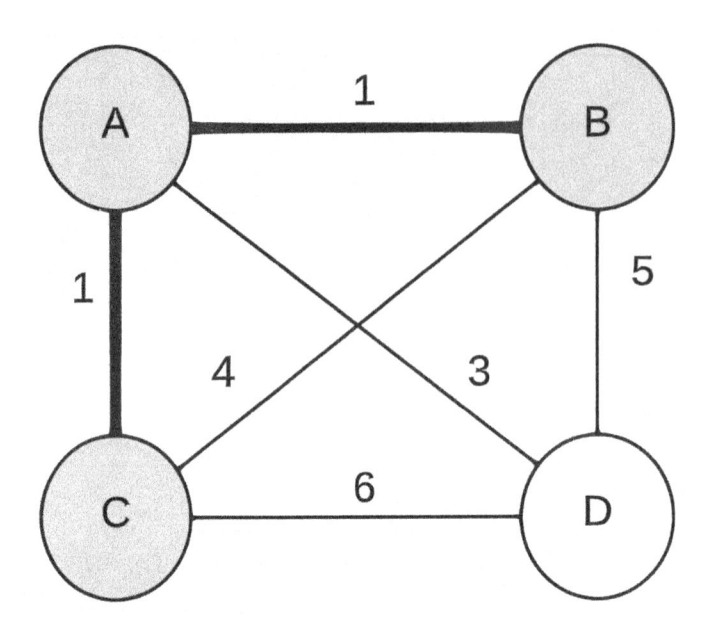

Fonte: Elaborada pelo autor.

Então estamos em C e o único vértice adjacente não visitado é D, assim incluímos D no conjunto solução, marcamos como visitado e temos o seguinte caminho:

Solução = {B, A, C, D}

Figura 4.26: Caminho até o vértice D.

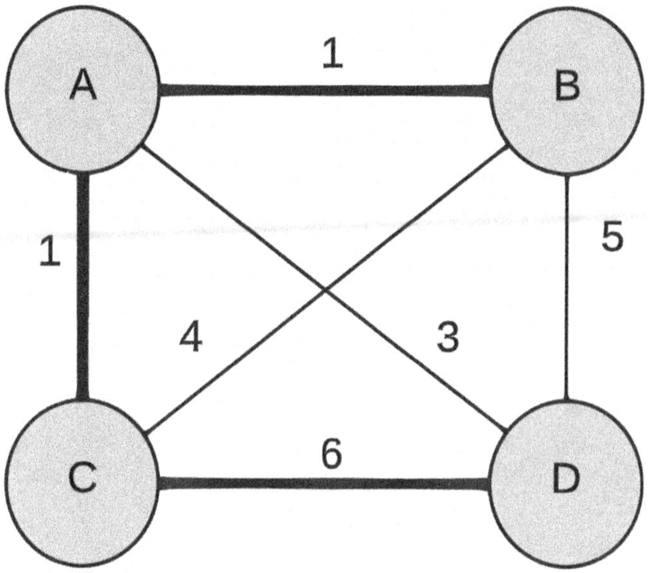

Fonte: Elaborada pelo autor.

Estando no vértice D todos os seus adjacentes já foram visitados, dessa forma, devemos finalizar o procedimento indo para o inicial, no caso o B, assim incluímos B no conjunto solução e marcamos o caminho, obtendo então:

Solução = {B, A, C, D, B}

Figura 4.27: Outra solução para o problema do caixeiro-viajante

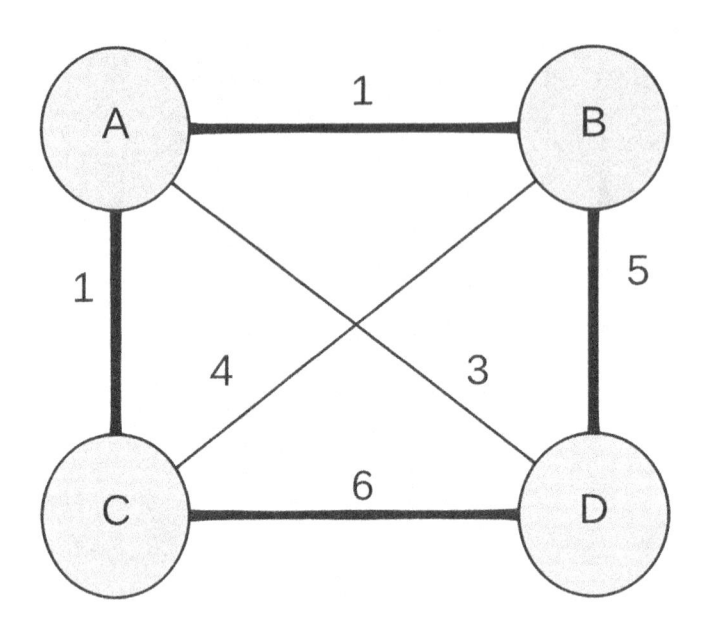

Fonte: Elaborada pelo autor.

Nesta segunda solução o custo do caminho fica:

BA – AC – CD – DB = 1 + 1 + 6 + 5 = 13

Ou seja, obtivemos uma solução melhor do que a anterior através da mudança da escolha do vértice inicial. Com isso, o emprego do vizinho próximo consegue apresentar uma solução para o problema do caixeiro-viajante, porém sem a garantia de ser a melhor solução.

4.4.2 Heurística de Christofides

Nicos Christofides apresentou uma solução mais eficiente para o problema do caixeiro-viajante em 1976, a qual seu algoritmo conseguia gerar um caminho melhor.

A heurística de Christofides não traz a solução ótima, porém é uma abordagem aceitável, alcançando no máximo 3/2 do custo da solução ótima. Ou seja, ela produz um caminho com um custo que excede a solução ótima em menos de 50%, tornando-se uma das melhores soluções existentes para o problema.

A proposta considera trabalhar com a árvore geradora de custo mínimo do grafo e com os vértices conforme sua posição e grau.

Muitos dos conceitos empregados por Christofides serão vistos nos próximos capítulos, tal como a árvore geradora mínima e emparelhamento, assim a solução do problema do caixeiro-viajante será apresentada no último capítulo do livro.

4.5 Problema do Carteiro Chinês

Em 1962 o matemático chinês Mei-Ku Kuan apresentou este problema, relacionando-o com a atuação de um carteiro que deveria iniciar sua rota de entrega partindo de uma estação dos correios, percorrendo um determinado conjunto de ruas enquanto distribuía a correspondência, para então terminar o trajeto no mesmo ponto de início.

Ele ficou conhecido como o Problema do Carteiro Chinês (PCC), do inglês Chinese Postman Problem (CPP). E se diferencia do Caixeiro-viajante no sentido de que ele deseja encontrar um caminho fechado que tenha peso mínimo e que percorra todas as arestas do grafo ao menos uma vez, enquanto no problema do caixeiro-viajante o objetivo é encontrar um caminho com custo mínimo que percorra todos os vértices.

Dependendo do grafo podem existir diversos caminhos que atendam ao objetivo principal, os quais são chamados de percurso do carteiro, e o caminho com custo mínimo é chamado de percurso ótimo do carteiro Chinês.

Considerando as características do problema, ele pode ser estudado considerando a situação como um ciclo Euleriano, no qual qualquer caminho de Euler é um percurso ótimo do carteiro Chinês.

Levando em conta que existem três situações possíveis de grafos: orientados, não orientados e mistos, cada um apresentando uma solução específica que pode ser adotada. Dentre elas, a que se encontra mais consolidada para esse problema é a do grafo orientado. As outras apresentam uma complexidade que ainda está em estudo como devem ser resolvidas.

Veremos a solução proposta para tratar do problema em grafos não orientados.

4.5.1 PCC em grafo não orientado

Como já foi abordado na seção 4.2, o problema da sete pontes de Königsberg fez com que Euler propusesse a teoria dos grafos em 1736. O matemático apresentou como teorema que os grafos Eulerianos precisam ser não orientados e que todos os seus vértices apresentem grau par, o que implica em caminhos de ciclos Eulerianos.

Adaptando o problema do carteiro Chinês para grafos e verificando que ele seja Euleriano, pode-se utilizar determinados algoritmos para encontrar a solução do melhor caminho.

Uma das soluções mais antigas e adotadas é a do Algoritmo do Fleury, de 1883, cuja complexidade varia conforme a quantidade de vértices existentes no grafo.

O funcionamento desse algoritmo ocorre da seguinte forma: tendo um grafo Euleriano não orientado, logo não existe vértice ímpar, pode-se iniciar o procedimento por qualquer vértice. A partir desse vértice deve-se percorrer as arestas do grafo indicando quais delas já foram percorridas. Nesse movimento não deve percorrer arcos ou laços existentes no grafo.

Realizando esse procedimento até que todas as arestas do grafo tenham sido percorridas, obtemos um ciclo Euleriano, pois no final chegaremos ao vértice de partida.

Podemos representar o algoritmo de Fleury com os seguintes passos:

Sendo um grafo conexo G (V, A), em que o grau de todos os vértices pertencentes a G são pares.

Iniciamos o procedimento em qualquer vértice v, percorrendo de forma aleatória todas as arestas e realizando:

Etapa 1: Demarcar as arestas após passar por elas;
Etapa 2: Demarcar os vértices que estão isolados;
Etapa 3: Passe por um arco 1 somente se não existir outra alternativa.

Na próxima figura veremos um grafo em que aplicaremos o algoritmo de Fleury para exemplificar como identificamos o ciclo Euleriano.

Figura 4.28: Exemplo de aplicação do Algoritmo de Fleury.

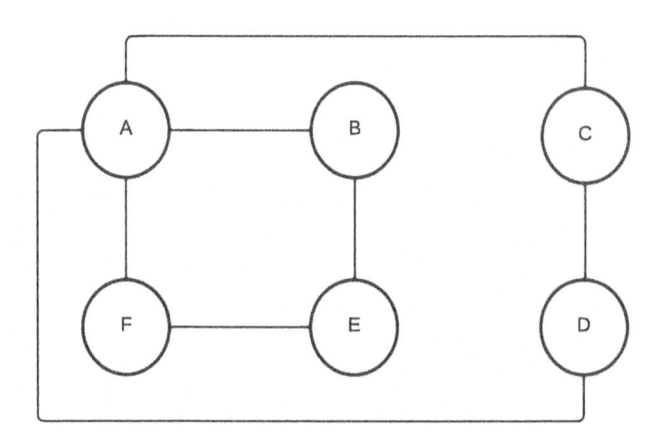

Fonte: Elaborada pelo autor.

Nesse grafo, todos os vértices possuem grau par, B, C, D, E e F tem grau 2 e o A possui grau 4. Iniciamos o algoritmo no vértice A, nesse ponto podemos escolher aleatoriamente entre B, C D ou o F. Vamos escolher C, demarcando a aresta AC:

Figura 4.29: Primeira iteração do Algoritmo de Fleury.

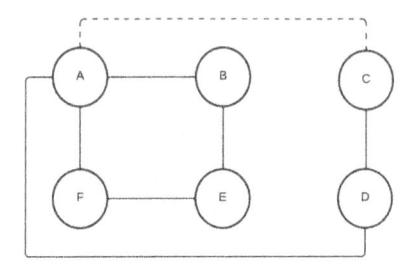

Fonte: Elaborada pelo autor.

De C devemos seguir para D:

Figura 4.30: Segunda iteração do Algoritmo de Fleury.

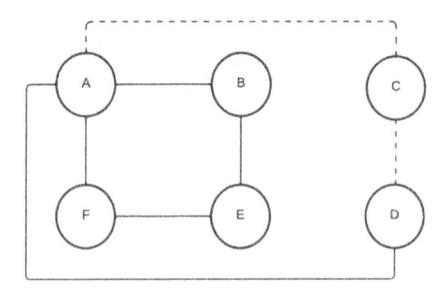

Fonte: Elaborada pelo autor.

De D o único caminho não visitado é para o vértice A:

Figura 4.31: Terceira iteração do Algoritmo de Fleury.

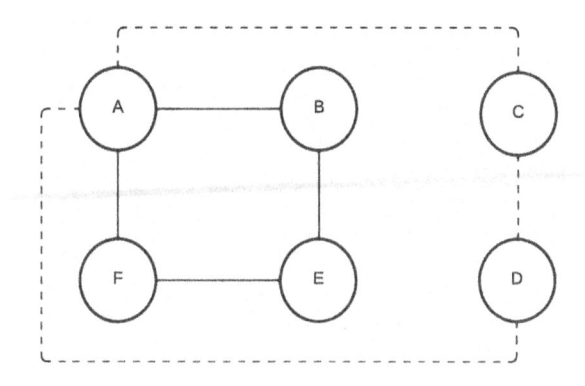

Fonte: Elaborada pelo autor.

Voltamos ao vértice A, agora devemos escolher entre o B ou F. Vamos escolher este último:

Figura 4.32: Quarta iteração do Algoritmo de Fleury.

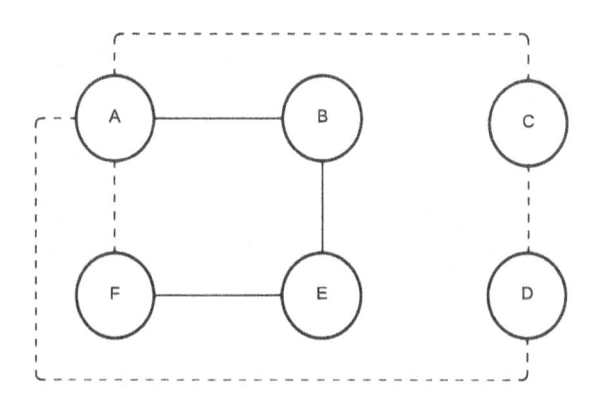

Fonte: Elaborada pelo autor.

Do vértice F devemos seguir para o E:

Figura 4.33: Quinta iteração do Algoritmo de Fleury.

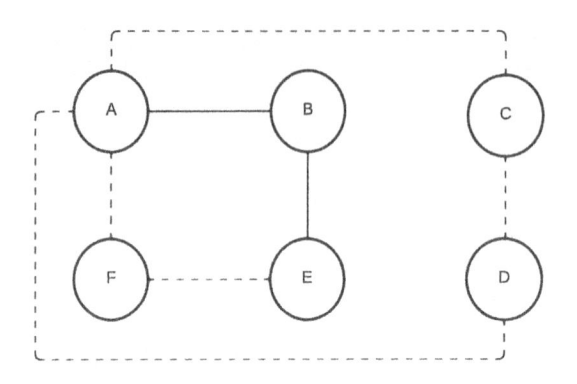

Fonte: Elaborada pelo autor.

Do vértice E a única alternativa é para o B:

Figura 4.34: Sexta iteração do Algoritmo de Fleury.

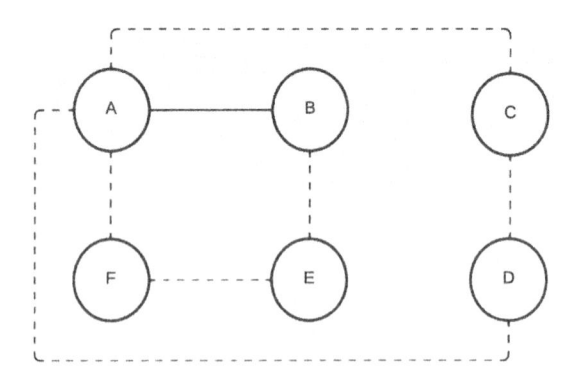

Fonte: Elaborada pelo autor.

Agora temos somente a aresta BA para percorrer e assim finalizaremos o algoritmo de Fleury, na figura a seguir vemos a sétima iteração:

Figura 4.35: Sétima e última iteração do Algoritmo de Fleury.

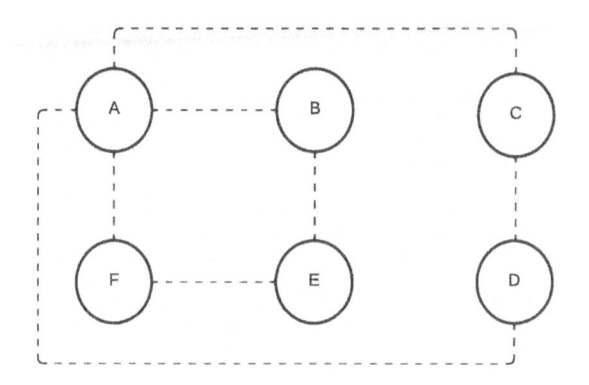

Fonte: Elaborada pelo autor.

Finalizamos o percurso de todo o grafo. Dessa forma, é possível identificar qual o caminho com menor custo, pois todas as arestas e seus pesos foram reconhecidos.

Para os casos em que temos um grafo não orientado não euleriano, ou seja, que nem todos os vértices são pares, podemos utilizar o mesmo algoritmo de Fleury com algumas alterações.

O grafo não euleriano deve ter exatamente dois vértices ímpares e o algoritmo deve iniciar as iterações em um deles. Note que a quantidade de vértices ímpares deve ser sempre par.

Podemos alterar o grafo do exemplo anterior removendo a aresta AC e incluindo a aresta BC, dessa forma obtendo o grafo visto na figura:

Figura 4.36: Grafo não euleriano.

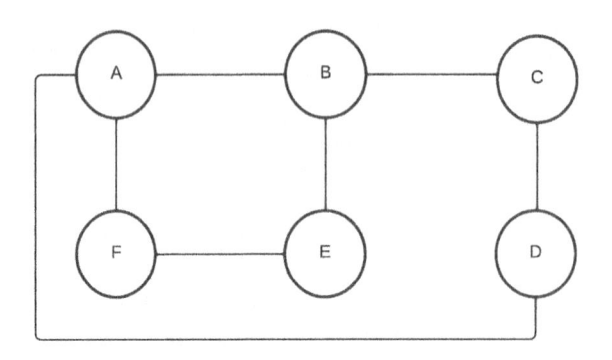

Fonte: Elaborada pelo autor.

Nesse grafo, temos os vértices A e B com grau ímpar igual a três e os demais pares com grau 2. Vamos iniciar o algoritmo pelo A, em que podemos escolher entre as arestas AB, AD e AF para prosseguir. Seguiremos para o vértice D:

Figura 4.37: Primeira iteração em um grafo não euleriano.

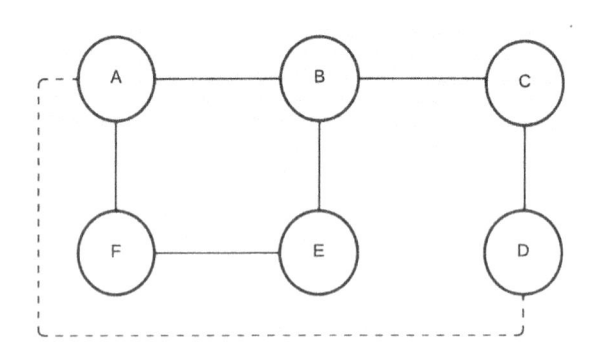

Fonte: Elaborada pelo autor.

Do vértice D para o C:

Figura 4.38: Segunda iteração em um grafo não euleriano.

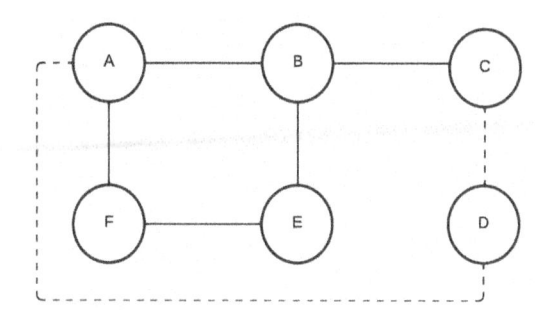

Fonte: Elaborada pelo autor.

Agora do vértice C para o B:

Figura 4.39: Terceira iteração em um grafo não euleriano.

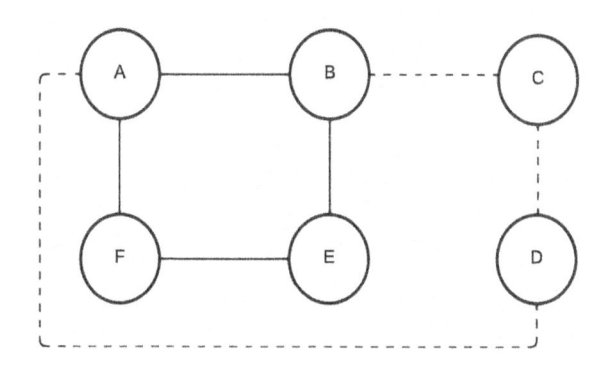

Fonte: Elaborada pelo autor.

Nesse momento, chegamos no segundo vértice ímpar, agora podemos escolher ir ao A ou E, já que a outra aresta CB já foi percorrida. Vamos escolher o vértice E, restando como opção somente o F e dele só poderemos ir ao A, assim ficando:

Figura 4.40: Quarta, quinta e sexta iteração em um grafo não euleriano.

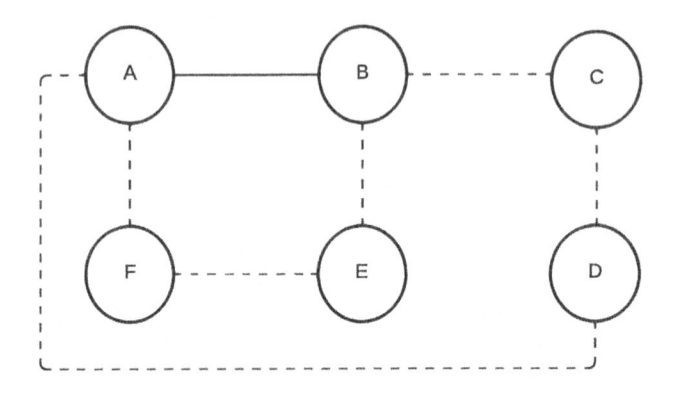

Fonte: Elaborada pelo autor.

Ao chegar ao vértice A, já temos percorrido dois dos três vértices que partem dele, restando somente a aresta AB, e com isso finalizaremos o percurso do grafo:

Figura 4.41: Última iteração em um grafo não euleriano.

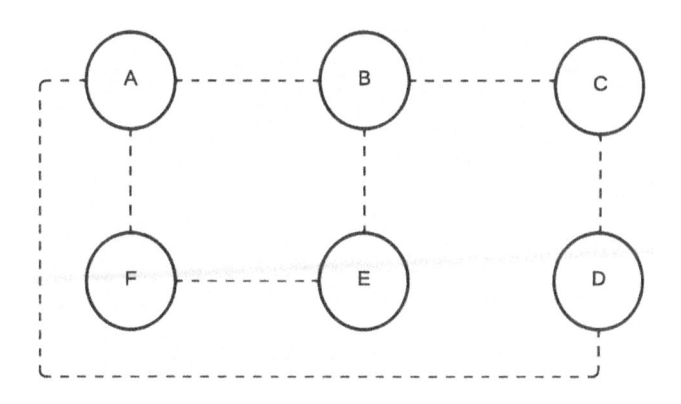

Fonte: Elaborada pelo autor.

Portanto, vimos como percorrer grafos eulerianos e não eulerianos com vértices em quantidade par de grau ímpar.

4.6 Conclusões

A identificação do tipo de grafo é muito importante porque orienta na determinação da melhor solução necessária para ele. Dessa forma, identificar se o grafo possui um ciclo euleriano ou hamiltoniano é importante, pois diversos problemas se encaixam nessas situações.

Os problemas do caixeiro-viajante e do carteiro chinês podem ser utilizados para representar outras problemáticas, e por estas serem de uma empregabilidade muito grande, podem ser utilizadas em redes de computadores, trajetos de entregadores ou até mesmo em aplicações que localizem o melhor caminho.

Vimos formas de percorrer o grafo de maneira a minimizar o custo, considerando situações em que ele é ponderado. Até o momento existem muitos estudos sobre os ciclos eulerianos e hamiltonianos, e como podemos percorrer um grafo de forma otimizada e eficiente, pois são problemas complexos que demandam poder de processamento muito grande conforme o tamanho dos grafos for aumentando.

No próximo capítulo, veremos como aplicar a coloração nos grafos, e assim conseguindo identificar as utilizadas referentes aos vértices adjacentes.

5. COLORAÇÃO

Como vimos anteriormente, os grafos possuem diversas propriedades que permitem empregá-los em várias situações. Dependendo da necessidade é possível utilizar os algoritmos de Hamilton, de Euler ou grafos planares e agora veremos outra característica vinculada que auxilia na resolução de diversos problemas: a coloração.

Apesar da terminologia indicar cores, não é preciso pintar um grafo para que possamos verificar a relevância dessa característica, podemos mostrar quais serão os padrões por meio dos rótulos utilizando: c_1, c_2... indicando cor um, cor dois e assim por diante.

Em um grafo, os vértices ou arestas adjacentes não podem ter a mesma cor, logo os rótulos auxiliaram nessa representação. Quando abordamos a coloração do grafo, adotamos a denominação Número Cromático para representar a quantidade de cores que ele pode ser colorido.

O número cromático para um grafo G é representado por $x(G)$, na figura a seguir, esse valor é 4.

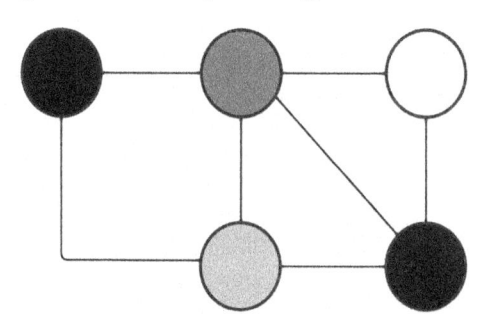

Figura 5.1: Exemplos de grafo colorido.

Fonte: Elaborada pelo autor.

Para identificar quantas cores podemos aplicar, devemos utilizar o conceito de conjunto independente de um grafo G, que se refere a um conjunto V de vértices do G em que não ocorre dois vértices adjacentes contidos em V.

Em outras palavras, sejam A e B dois vértices pertencentes a um conjunto independente, nesse caso, nenhum conjunto independente pode ser contido por outro daquele grafo, ou seja, ele possui o número máximo de vértices inseridos. Dessa forma, todos os demais conjuntos independentes devem ter um número menor ou igual de vértices existentes no conjunto.

Denominamos como um conjunto independente maximal quando não ocorrer nenhum conjunto independente no qual ele se encontra inserido. Na figura a seguir, veremos um exemplo de um conjunto independente maximal.

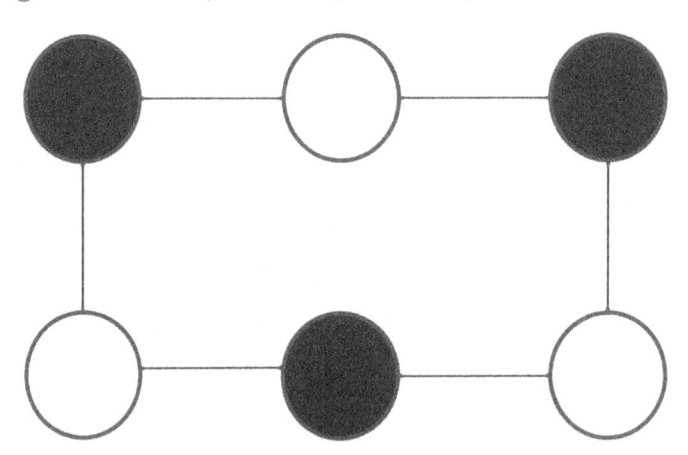

Figura 5.2: Exemplo de conjunto independente máximo.

Fonte: Elaborada pelo autor.

Para obter o conjunto independente maximal de um grafo, podemos empregar um algoritmo que auxilia nessa tarefa, esse processo será visto a seguir:

Etapa 1: Inicialmente gere uma lista V de todos os vértices do grafo G em ordem crescente conforme o grau. Quando dois vértices tiverem o mesmo grau, a ordem deles pode ser livre;

Etapa 2: Deve-se considerar a ordem da lista e selecionar um vértice ainda não visitado;

Etapa 3: Analise se o vértice selecionado não possui conflito com os já existentes no conjunto V, caso não tenha, deve inseri-lo;

Etapa 4: Depois remova do grafo G todas as arestas conectadas a esse vértice assim como os adjacentes;

Etapa 5: Refaça esse processo enquanto existirem vértices não visitados.

Para exemplificar, vamos considerar o grafo a seguir:

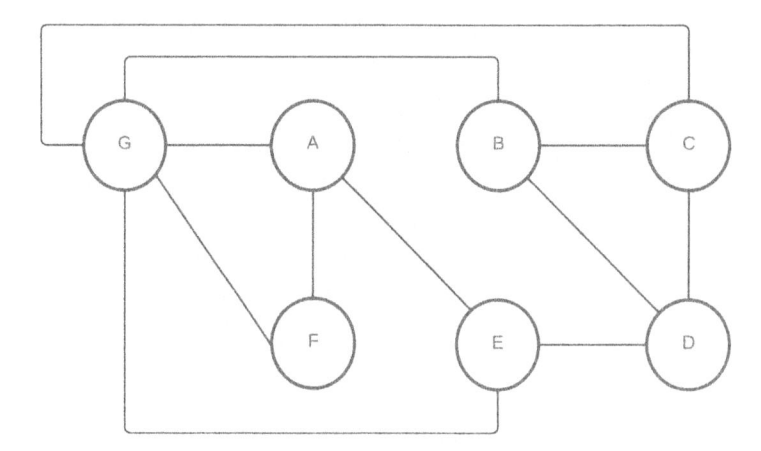

Figura 5.3: Obtendo o conjunto independente.

Fonte: Elaborada pelo autor.

No primeiro momento todos os vértices estão coloridos de branco; desse modo, devemos gerar uma lista com a ordem decrescente dos graus de cada vértice do grafo:

Vértice	A	B	C	D	E	F	G
Grau	3	3	3	3	3	2	5

Por meio dessa tabela, notamos que o vértice com menor grau é o F, que é igual a 2, logo devemos adicioná-lo ao conjunto de vértices do conjunto independente V e então remover os adjacentes a ele, no caso A e G.

Assim temos: V = {F}.

Na figura a seguir, demarcamos com tracejado tudo que será removido do grafo G:

Figura 5.4: Demarcação da primeira intervenção.

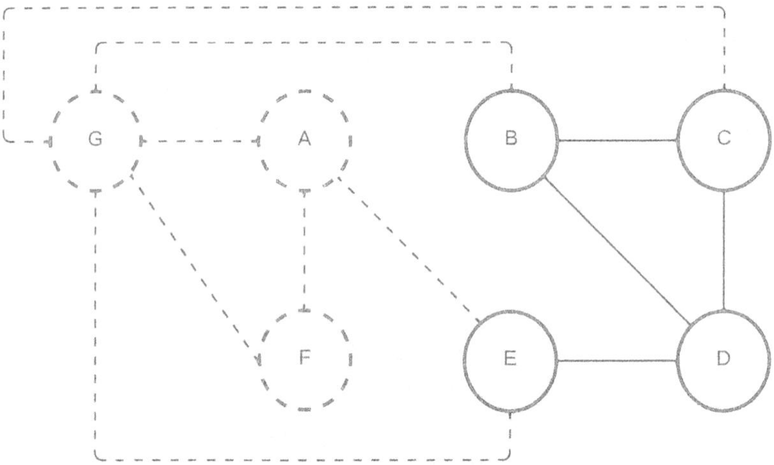

Fonte: Elaborada pelo autor.

O resultado do grafo que temos agora é:

Figura 5.5: Remoção dos vértices A, F e G.

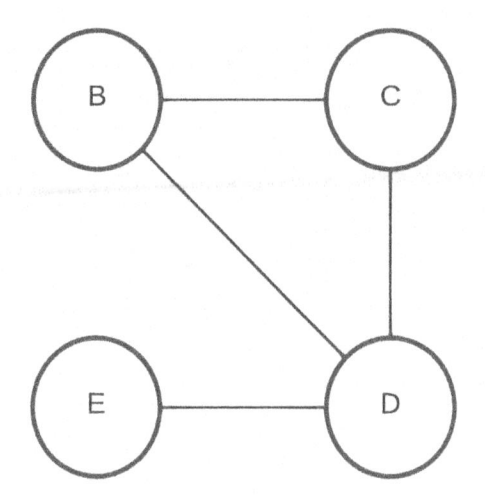

Fonte: Elaborada pelo autor.

Atualizando a nossa tabela, temos agora 4 vértices para escolher:

Vértice	B	C	D	E
Grau	3	3	3	3

Embora tenhamos removido os vértices e, assim, gerado outra representação gráfica do grafo, devemos considerar os graus de cada vértice existente no passo inicial. Dessa forma, todos possuem o mesmo grau.

Como a escolha é aleatória considerando que todos os vértices são iguais quanto ao grau, vamos selecionar o vértice B.

Para o vértice selecionado, devemos examinar se é ou não adjacente ao que foi incluído no conjunto V, no caso do vértice F, repare que B não é adjacente ao F:

Figura 5.6: Verificando a adjacência do vértice B com o vértice F.

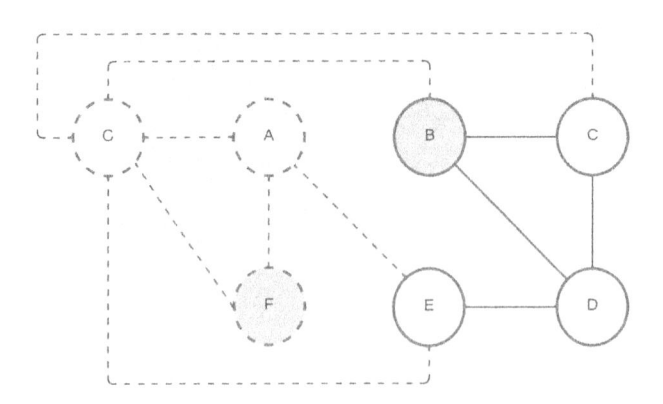

Fonte: Elaborada pelo autor.

Dessa forma, podemos inserir o vértice B no conjunto V:
V = {F, B}
Agora devemos remover os vértices adjacentes de B no grafo, no caso C e D:

Figura 5.7: Demarcação dos vértices adjacentes do vértice B.

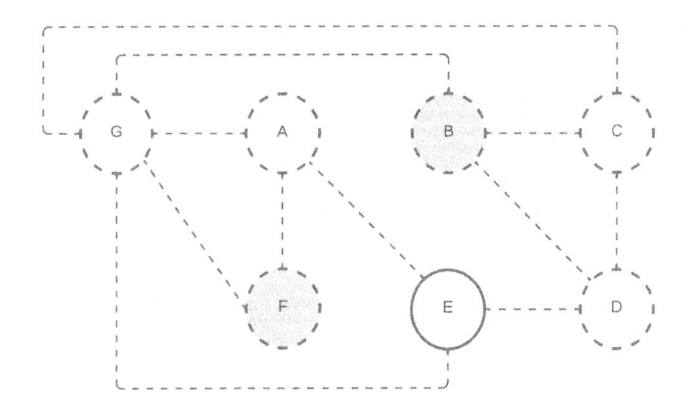

Fonte: Elaborada pelo autor.

O resultado é que o nosso garfo possui apenas o vértice E que, conforme a figura anterior, não é adjacente ao B e F. Assim, podemos incluí-lo no conjunto de vértices V:

V = {F, B, E}

Portanto, os vértices existentes no conjunto V representam o nosso conjunto independente, que nesse exemplo representa o conjunto independente máximo do grafo G.

Conforme a obtenção do conjunto independente maximal, é possível derivar e assim obter o número de elementos máximo existentes para um determinado grafo. Com isso, podemos obter o número de independência de um grafo G, representado por $\alpha(G)$.

O número de independência se refere à quantidade de vértices do grafo existentes em um subconjunto independente máximo.

Para o exemplo anterior em que obtivemos V = {F, B, E} o número de independência é |V|, assim sendo o $\alpha(G) = 3$.

Quando um grafo possui laços, estes são adjacentes entre si, então devemos considerar que o número de independência deve ser zero: $\alpha(G) = 0$.

5.1 Coloração de vértices

Em um grafo podemos ou colorir seus vértices ou suas arestas. Inicialmente iremos abordar o primeiro caso, identificando situações em que deve ser empregada.

A abordagem da coloração deve ser empregada em grafos de baixa complexidade, assim consideraremos somente os simples para as tratativas apresentadas a seguir. Isso ocorre principalmente devido à necessidade de minimizar a quantidade de cores utilizadas.

Podemos colorir cada vértice com uma cor distinta, dessa forma nosso limite máximo de cores seria $x(G)$ que é igual ao número de vértices existentes no grafo.

A proposta é conseguir colorir os grafos de um vértice com o menor número de cores possível. Dessa forma, podemos empregar um algoritmo que visa colori-los seguindo a heurística gulosa, ou seja, a de percorrer todos os vértices existentes no grafo.

A primeira etapa do processo é gerar uma lista de todos os vértices existentes no grafo, apresentando uma ordenação aleatória e cada um deve constar uma única vez.

Devido a essa aleatoriedade na geração da lista dos vértices, podemos ter diversos resultados de coloração quando executamos o procedimento no mesmo grafo. Dessa forma, o resultado não é único e definitivo, mas uma possibilidade de solução existente para a coloração.

Outro fator relevante para a confecção do algoritmo é o número máximo de cores com que podemos colorir o grafo. Conforme apresentado, podemos ter até |V| cores, sendo |V| a quantidade de vértices existentes.

No entanto, conforme as regras de coloração, os vértices adjacentes a um determinado vértice A devem possuir cores distintas. À vista disso, o grau do vértice acaba indicando qual é o maior número de cores necessárias para o grafo.

Sendo V o conjunto de vértices existentes no grafo, e grau (V) o grau de um vértice qualquer pertencente a ele, então o número maior de cores é apresentado pelo vértice com maior grau existente, assim:

QuantidadeCores = máx {grau(V)}

Como a quantidade de cores nunca deverá superar a QuantidadeCores, então podemos considerar **es**se valor como o limite superior para o nosso algoritmo. Assim, temos que: $x(G) \leq$ QuantidadeCores + 1.

A seguir, veremos todo o processo:

Etapa 1: Inicialmente gerar uma lista V com todos os vértices do grafo G enumerados, independente da ordenação, de forma que cada vértice conste uma vez;

Etapa 2: Colorir cada vértice com branco. No caso do rótulo, identificar cada cor como c0, ou seja, ainda não visitado;

Etapa 3: Verificar se o vértice selecionado já possui uma cor diferente do branco, caso não tenha, analisar se os seus adjacentes já estão coloridos e quais cores foram empregadas, se for a primeira visita, então todos os vértices adjacentes também deverão estar coloridos com branco (c0). Assim, devemos selecionar uma próxima cor c1 e colorir o vértice selecionado;

Etapa 4: Realizar o procedimento até que todos os vértices do grafo tenham sido visitados e nenhum apresente a cor inicial branca (c0).

Para ilustrar o funcionamento do algoritmo, vamos verificar sua implementação no exemplo a seguir:

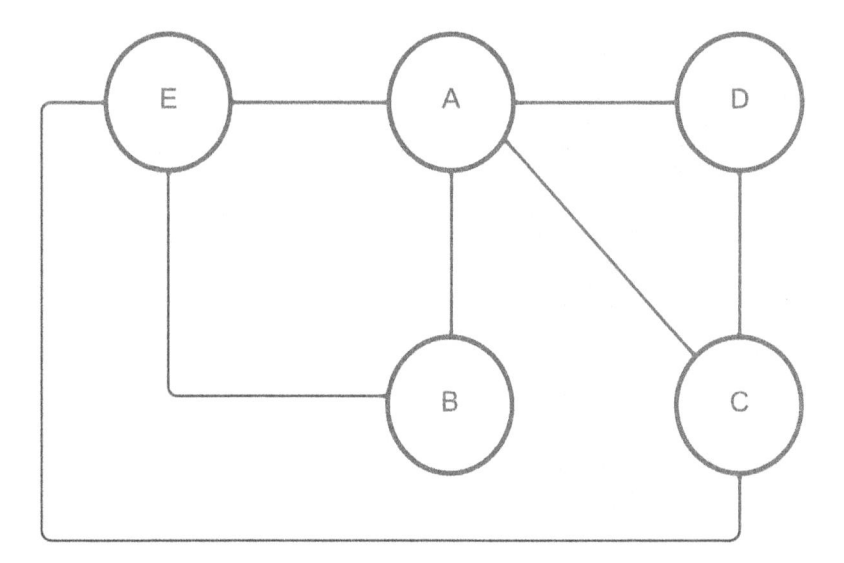

Figura 5.8: Exemplo de coloração de vértices.

Fonte: Elaborada pelo autor.

Nesse exemplo, iremos adotar a seguinte ordenação dos vértices para **colorir**: A, B, C, D e E.

Na coloração de vértices a cor que adotarmos, por exemplo, para o vértice A não deve ocorrer nos adjacentes B, C, D e E. Inicialmente para o primeiro vértice da nossa lista utilizaremos preto.

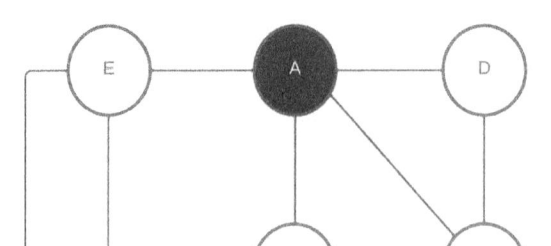

Figura 5.9: Colorindo o vértice A.

Fonte: Elaborada pelo autor.

O próximo vértice é o B, desse modo para colori-lo precisamos utilizar uma nova cor, por exemplo, c2, e essa cor não pode ocorrer em E. Aqui, usaremos o cinza-claro:

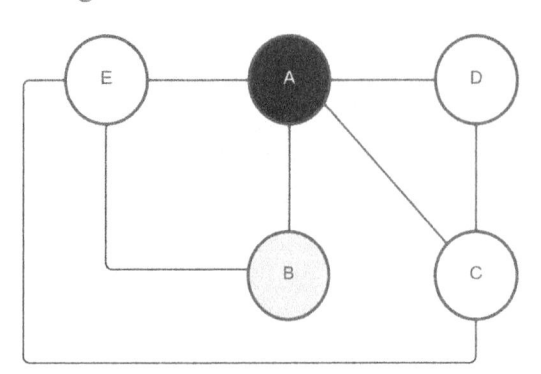

Figura 5.10: Colorindo o vértice B.

Fonte: Elaborada pelo autor.

Para C poderemos utilizar a mesma cor c2 utilizada para colorir o vértice B, pois C não é adjacente ao B, assim obtemos:

Figura 5.11: Colorindo o vértice C.

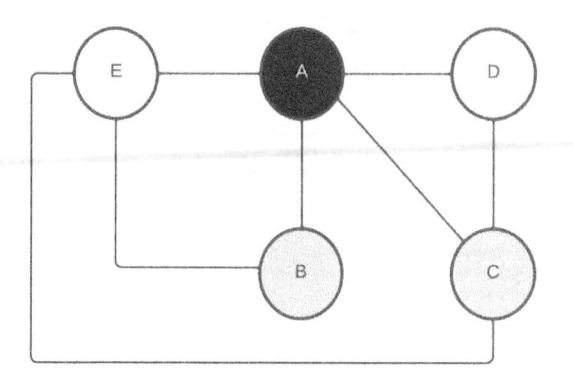

Fonte: Elaborada pelo autor.

Agora, na sequência, devemos visitar o D. No caso, este possui três vértices adjacentes já coloridos, o A, B e C, então utilizaremos uma nova cor c3 para o D, cinza-escuro:

Figura 5.12: Colorindo o vértice D.

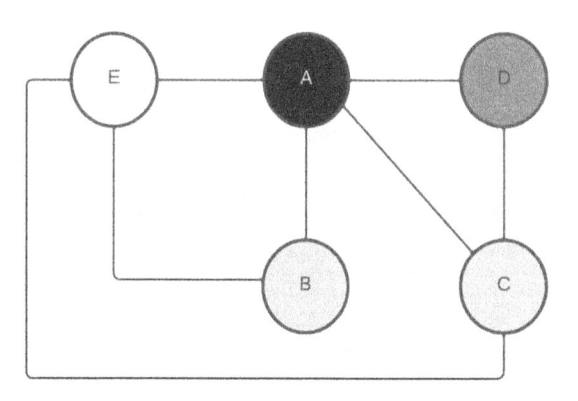

Fonte: Elaborada pelo autor.

Resta somente o vértice E, todos os seus adjacentes já se encontram coloridos com as cores c1 e c2; assim, como nenhum deles está com a cor c3, iremos utilizá-la:

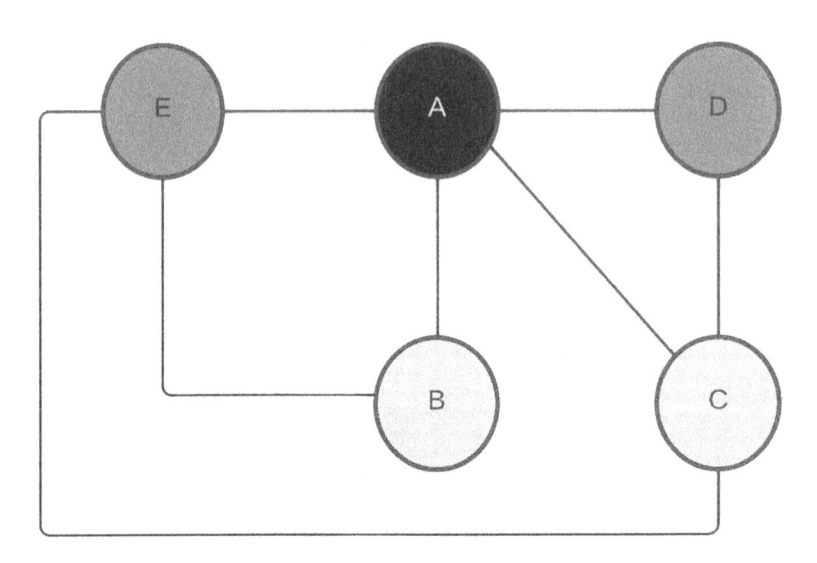

Figura 5.13: Colorindo o vértice E.

Fonte: Elaborada pelo autor.

Dessa forma, o nosso grafo colorido foi finalizado utilizando três cores, devido à sequência inicial a ser seguida dos vértices.

O processo de coloração dos vértices fica dependente da ordenação inicial, que será seguida ao longo do processo. Considerando o mesmo exemplo anterior, podemos agora escolher uma nova ordem para colorir os vértices, no caso: B, A, D, C e E, obtendo como resultado:

Figura 5.14: Grafo com nova coloração de vértices.

Fonte: Elaborada pelo autor.

Existe um teorema que trata da aleatoriedade existente na geração da lista de vértices. Ele afirma que existe uma ordem específica que produz a coloração ótima do grafo, apesar da comprovação, não é indicado como chegar nessa ordem ideal.

A aplicação do algoritmo é relativamente simples: para cada vértice, verifica-se quais são seus adjacentes e se possuem cores, caso positivo, então o vértice em questão não deve ter nenhuma das cores de seus adjacentes.

Para exemplificar, vamos considerar o grafo a seguir:

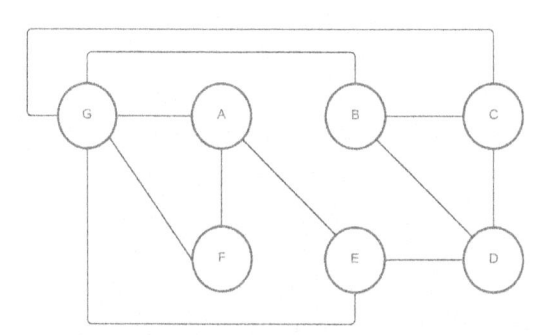

Figura 5.15: Colorindo o grafo.

Fonte: Elaborada pelo autor.

Vamos utilizar como ordem de visita dos vértices a ordenação alfabética:

A, B, C, D, E, F e G.

O resultado da aplicação do algoritmo é:

Figura 5.16: Grafo colorido segundo uma das ordens dos vértices.

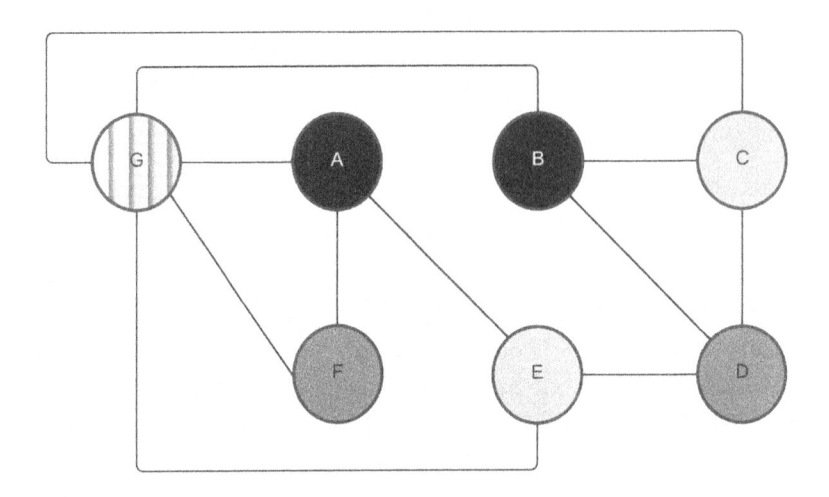

Fonte: Elaborada pelo autor.

Outra abordagem para executar a coloração dos vértices de um grafo é por meio do uso de seus conjuntos independentes. Para isso, podemos considerar o conjunto independente V, e realizar o procedimento de coloração para cada uma de suas partes, por exemplo, o conjunto V1 e o V2, de tal forma que temos V(G) = V1 ∪ V2 ∪ ... ∪ Vj.

Utilizando essa solução, na qual todos os conjuntos obtidos de V(G) são independentes, torna-se possível obter um resultado no qual todo conjunto independente possui uma coloração exclusiva.

Considerando esse cenário, é possível produzir um algoritmo que atue nesses conjuntos independentes e que faça a sua coloração. A ideia é similar, procuramos vértices nos conjuntos que não estejam conectados com outros, assim não sendo adjacentes.

Nessa distribuição da tarefa, é possível percorrer todo o grafo definindo quais são os conjuntos independentes e então colorir cada um deles com uma determinada cor. Nesse ponto, realizamos a junção dos dois algoritmos vistos até o momento, inicialmente identificamos os conjuntos independentes e então aplicamos a coloração de vértice neles.

Existe uma outra especificação denominada grafo bipartido, que acontece quando todas as arestas pertencentes ao grafo possuem seus dois vértices coloridos diferentemente, dessa forma sendo possível separá-lo em duas partes.

Para verificar se um grafo é ou não bipartido, a fórmula é a seguinte:

$x(G) = 2$.

Ou seja, o número cromático do grafo bipartido deve ser igual a dois.

Para conseguir identificar se um grafo é ou não bipartido podemos utilizar o seguinte algoritmo:

Sendo um grafo G com v pertencente aos seus vértices, logo inicialmente ele se encontra descolorido. Poderemos iniciar o procedimento com um vértice aleatório:

Etapa 1: Considere um vértice v não visitado, devemos colori-lo com uma cor inicial c1;
Etapa 2: Colorir todos os vértices adjacentes de v com outra cor c2;
Etapa 3: Repetir o procedimento para os próximos vértices não visitados, ou seja, sem cor. Para isso devemos utilizar as cores c1 ou c2.

Caso encontre algum vértice que possua um adjacente com a mesma cor, então identificamos que o grafo não é bipartido.

Para representar o algoritmo de reconhecimento de grafos bipartidos operando, vamos considerar o seguinte exemplo:

Figura 5.17: Grafo para verificar se é bipartido.

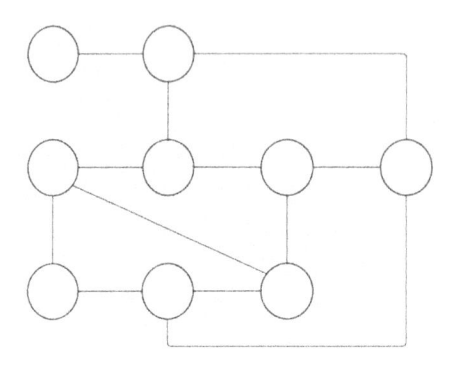

Fonte: Elaborada pelo autor.

Como de costume, podemos escolher qualquer vértice, assim utilizaremos no escolhido a cor c1, que será cinza-claro:

Figura 5.18: Verificando se é um grafo bipartido colorindo o primeiro vértice.

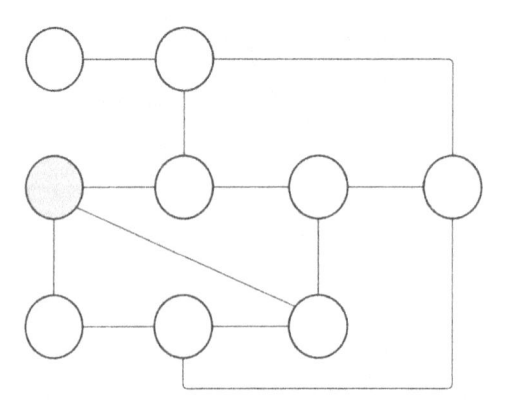

Fonte: Elaborada pelo autor.

Conforme o algoritmo, devemos colorir os vértices adjacentes a ele com a cor c2, nesse caso utilizaremos o preto:

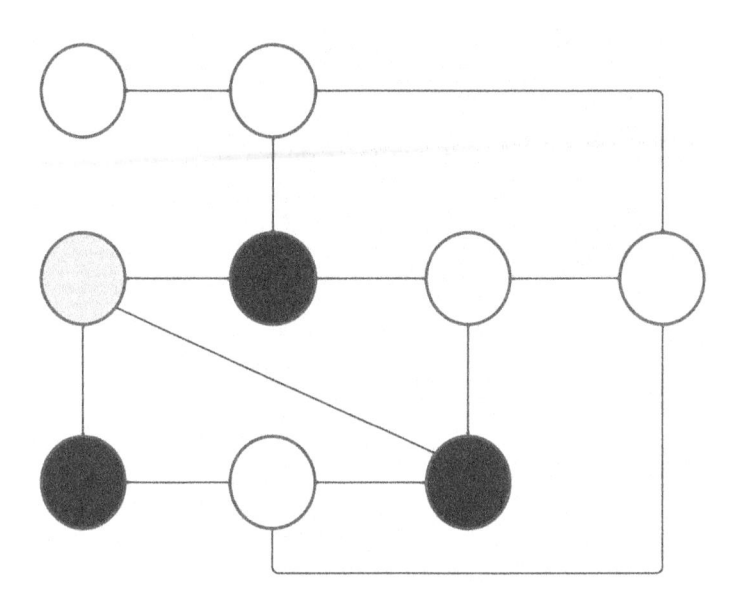

Figura 5.19: Colorindo os vértices adjacentes.

Fonte: Elaborada pelo autor.

Seguindo o algoritmo, agora devemos colorir os vértices adjacentes aos que ainda não se encontram coloridos com a cor c1. É nessa etapa que verifica se o grafo é ou não bipartido, pois caso encontre algum vértice adjacente colorido com a mesma cor, logo não é bipartido. Assim, teremos:

Figura 5.20: Continuando na verificação se é bipartido.

Fonte: Elaborada pelo autor.

Ao finalizar a coloração do grafo utilizando a cor c2 nos vértices adjacentes descoloridos, repare que não ocorre nenhum vértice com c2, então o grafo resultante demonstra que o grafo é bipartido:

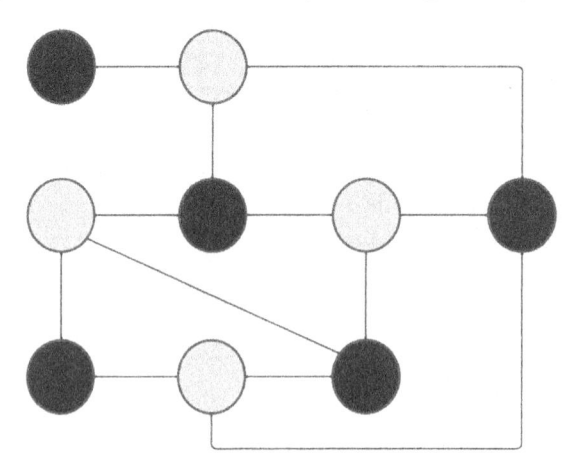

Figura 5.21: Identificando que é um grafo bipartido.

Fonte: Elaborada pelo autor.

Nesse exemplo, se adicionássemos uma aresta conectando qualquer um dos vértices que possuem a mesma cor, então teríamos um grafo não bipartido, conforme o exemplo a seguir, no qual adicionamos uma nova aresta em negrito, tornando o grafo não bipartido:

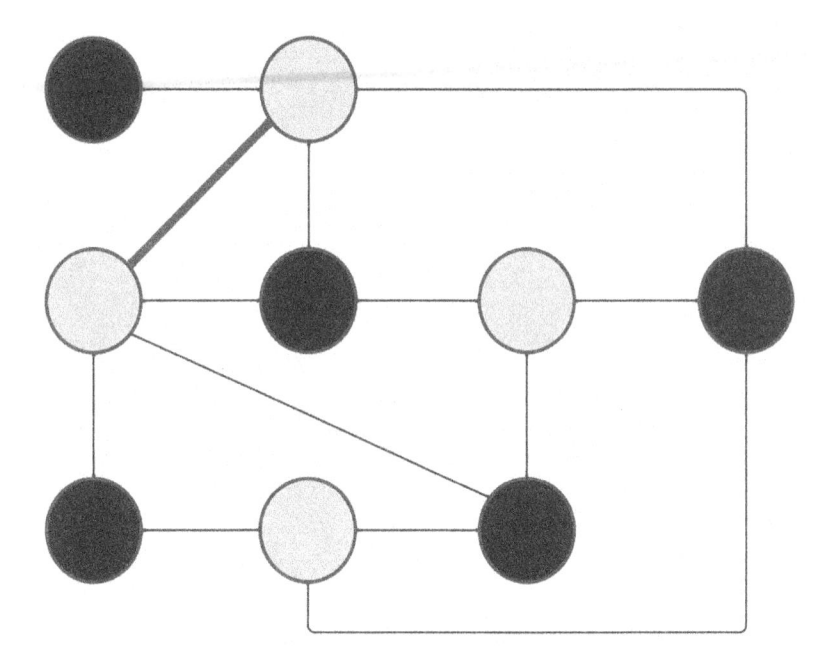

Figura 5.22: Grafo não bipartido.

Fonte: Elaborada pelo autor.

Também podemos denominar grafos bipartidos como bicoloridos, já que é possível separá-los em dois, isso fica evidente considerando que cada aresta possui cores distintas em seus vértices.

5.2 Coloração de mapas

Uma das problemáticas em que podemos empregar a coloração de grafos é em mapas. Nesse caso, devemos inicialmente converter o mapa para um grafo, facilitando na implementação dos algoritmos de cores.

A abstração entre um mapa geográfico e sua representação em um grafo não é difícil. Inicialmente devemos identificar o rótulo de cada face do mapa. Para ilustrar, vamos considerar o mapa político do Brasil:

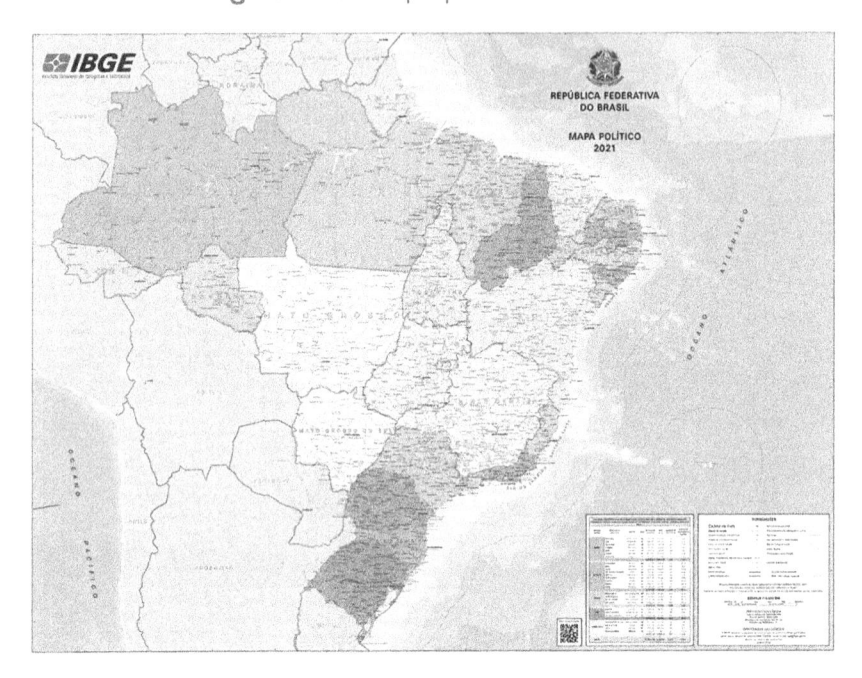

Figura 5.23: Mapa político do Brasil.

Fonte: Agência IBGE Notícias.

Nesse mapa, temos dezenas de informações, então é preciso identificar quais são as regiões que queremos colorir, no nosso caso, cada estado. Para isso, consideramos a capital de cada região como o ponto identificador, assim obtemos o seguinte:

Figura 5.24: Identificação das capitais no mapa político do Brasil.

Fonte: Brasil, 2018.

Nesse mapa, temos os pontos que correspondem a cada capital e estado. Esses pontos são os vértices do grafo que iremos construir. As arestas que conectam cada vértice devem ser representadas pelas fronteiras que cada estado possui. Por exemplo, o Rio Grande do Sul possui fronteira somente com Santa Catarina, então sua ligação será somente uma aresta conectando as duas capitais.

O grafo resultante dessa geração e conexão de vértices é visto na figura a seguir:

Figura 5.25: Conexão das capitais de cada estado do mapa político do Brasil.

Fonte: Adaptação do autor do mapa de Brasil, 2018.

Removendo a imagem do mapa do plano de fundo e deixando o grafo, obtemos:

Figura 5.26: Grafo dos estados do Brasil conectados pelas fronteiras.

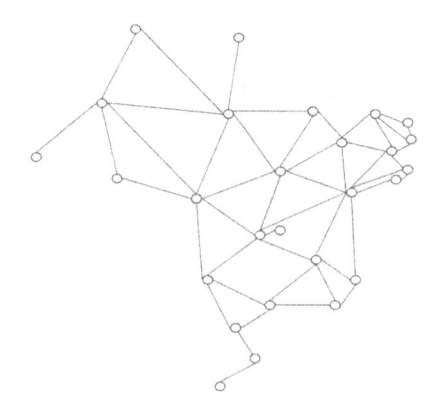

Fonte: Elaborada pelo autor.

Agora temos um grafo que representa o mapa político do Brasil, conforme as fronteiras entre os estados. Como cada capital está sendo representada por um vértice e temos arestas identificando quais são suas fronteiras, podemos iniciar colorindo seus vértices.

Aplicando o algoritmo apresentado inicialmente, devemos ordenar os vértices do grafo conforme o seu grau, então teremos:

Estado	Grau
BA	8
PA	6
MT	6
TO	6
MG	6
AM	5
MS	5
GO	5
PI	5
PE	5
CE	4
SP	4
MA	3
PB	3

Estado	Grau
AL	3
ES	3
RJ	3
PR	3
RO	2
RR	2
RN	2
SE	2
SC	2
AC	1
AP	1
RS	1
DF	1

Iniciaremos colorindo o vértice do estado da Bahia (BA) e prosseguiremos com o algoritmo conforme apresentado. O resultado é:

Figura 5.27: Grafo com vértices coloridos.

Fonte: Elaborada pelo autor.

Utilizando as cores dos vértices em cada estado resulta no seguinte mapa:

Figura 5.28: Mapa político do Brasil

Fonte: Elaborada pelo autor.

Repare que, apesar de existirem vértices com graus seis ou oito, a quantidade de cores utilizada para colorir todos os vértices do grafo foi quatro. Desse modo, foi identificado que grafos planares podem ser coloridos com até quatro cores.

5.2.1 Teorema das quatro cores

O teorema das quatro cores está associado à coloração de mapas. Em 1852 Francis Guthrie identificou a possibilidade de colorir regiões de mapas geográficos utilizando somente quatro cores, desde que uma cor não fosse repetida com as regiões vizinhas. Surgiu então a proposta intitulada como o teorema das quatro cores para colorir grafos planares.

Em 1879 Alfred Kempe apresentou uma prova para esse teorema que foi refutado no ano seguinte por Heawood, ao encontrar um erro no que tinha sido apresentado. Mesmo assim, a solução de Kempe foi fundamental para que Appel e Haken conseguissem provar o teorema em 1976.

O conceito de Cadeias de Kempe apresentado pelo matemático foi empregado em outras demonstrações de teoremas de grafos, tais como o de Vizing. Essa abordagem visa uma forma de melhorar a coloração de vértices de um grafo, diminuindo o número de cores necessárias para colori-lo.

Vamos considerar o exemplo a seguir:

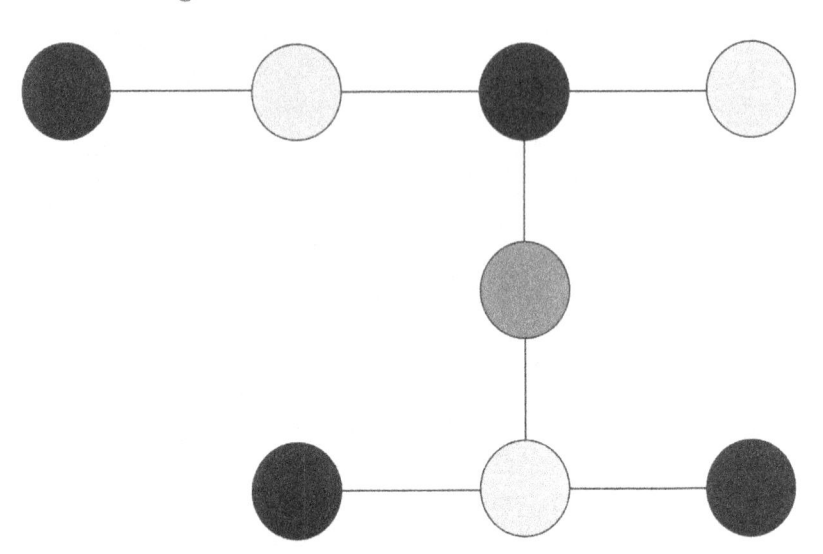

Figura 5.29: Grafo com vértices coloridos

Fonte: Elaborada pelo autor.

Nesse grafo, utilizamos três cores em todos os vértices coloridos de preto, cinza e cinza-escuro. Entretanto, queremos pintá-lo utilizando somente duas cores. Utilizando o exemplo da figura anterior queremos colorir o cinza-escuro com preto ou cinza-claro.

Para alcançar esse objetivo, a proposta da cadeia de Kempe trabalha com os subgrafos maximais de G, nos quais não é possível adicionar nenhum outro vértice com uma das duas cores presentes, e assim trocar as cores dos vértices até obter o resultado esperado.

Vamos considerar o primeiro subgrafo de G:

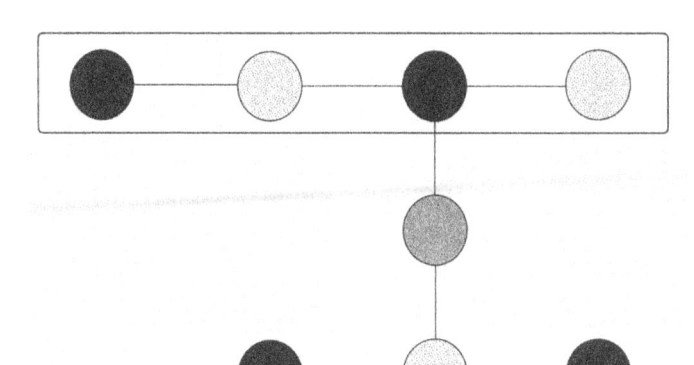

Figura 5.30: Subgrafo M de G.

Fonte: Elaborada pelo autor.

No subgrafo selecionado vamos realizar uma troca de cores entre o preto e o cinza-claro, resultando em:

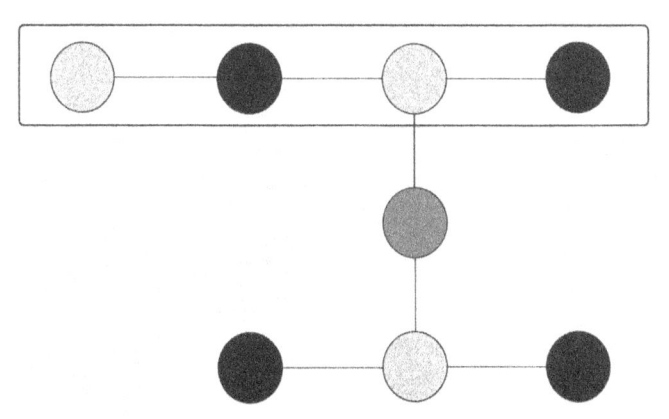

Figura 5.31: Troca de cores no subgrafo M de G.

Fonte: Elaborada pelo autor.

Essa troca entre os vértices do subgrafo definido ocorre por meio de uma transformação que apresenta como resultado uma nova coloração. Para que isso ocorra, não devemos ter nenhum vértice no subgrafo M que possa gerar conflito com a mudança de cores.

O fato de realizar a troca de cores em subgrafos, ou seja, indo por partes, consegue proporcionar um resultado coerente e correto. Porém, quando Kempe empregou essa técnica para provar o teorema das quatro cores, ele realizou o seu procedimento em diversos subgrafos ao mesmo tempo, ou seja, praticamente no grafo inteiro, acarretando falha na sua comprovação do teorema.

Contudo, apesar da falha, ficou evidente que empregar a cadeia de Kempe em subgrafos é eficaz e confiável, o que torna essa aplicação segura de ser utilizada.

Quando empregada em partes do grafo, pode-se verificar os vértices que não possuem uma das duas cores definidas e verificar quais delas podem ser aplicadas mantendo a propriedade da coloração de vértices.

Conforme as trocas de cores, conseguimos eliminar o uso das desnecessárias utilizadas para colorir os vértices do grafo. Na figura anterior, vemos que o vértice cinza-escuro se encontra agora adjacente a dois vértices cinza-claro, ou seja, podemos colori-lo de preto:

Figura 5.32: Trocando a cor do vértice cinza-escuro por preto.

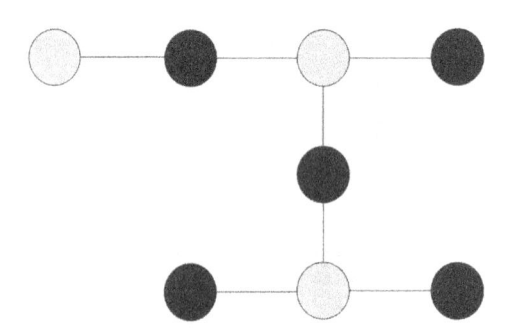

Fonte: Elaborada pelo autor.

O uso da cadeia de Kempe foi crucial para que pudessem solucionar o teorema das quatro cores. Em linhas gerais, esse teorema se refere aos grafos planares, indicando que podem ser coloridos com até quatro cores. No caso de grafos não planares, estes podem apresentar números cromáticos livres, sem uma relação existente.

Para os grafos planares a coloração se aplica a cada face, ou seja, a coloração do grafo dual referente ao grafo planar como um todo, em que cada face está associada com um vértice que será colorido.

Nesse caso, para conseguirmos colorir um mapa, devemos inicialmente convertê-lo para um grafo, facilitando a implementação.

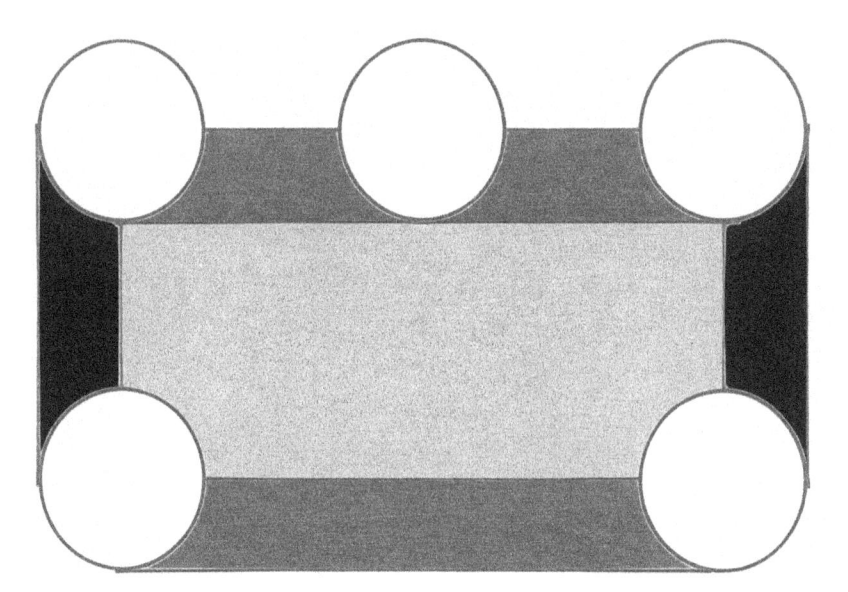

Figura 5.33: Exemplo de grafo planar com quatro cores.

Fonte: Elaborada pelo autor.

Ao ilustrar a conversão do mapa político do Brasil em um grafo e colorir seus vértices para que as cores fossem transferidas para as faces de cada estado, demonstramos que conseguimos converter qualquer mapa em grafo e aplicar o mesmo procedimento.

O fato de utilizar o grafo dual no lugar do planar apenas indica quais regiões (faces) serão coloridas com quais cores, facilitando assim a indicação de coloração do mapa final.

Figura 5.34: Exemplo de grafo planar para grafo dual colorido.

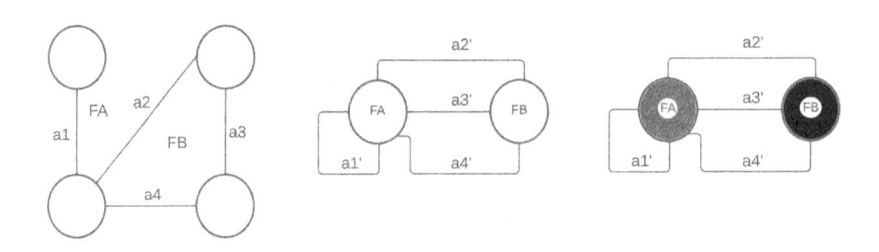

Fonte: Elaborada pelo autor.

Na figura a seguir, vemos um exemplo em que temos um grafo planar e obtemos o seu grafo dual. Na conversão para o dual temos a face externa, no caso não vamos colori-la.

Como se utiliza a coloração de vértices para os mapas e estes devem ser planares, logo todo mapa pode ser colorido com até quatro cores, dado que as regiões vizinhas não devam apresentar a mesma cor.

Seguindo o critério da coloração dos mapas, fica evidente por meio das comprovações matemáticas que é possível colorir as faces de um grafo planar utilizando somente quatro cores. Porém dependendo do tamanho do mapa ou região que se planeje colorir essa tarefa pode demandar muito tempo para ser executada.

Como exemplo, podemos considerar o mapa mundial, o qual queremos colorir cada país com uma cor diferente daqueles com que ele faz fronteira. Dessa forma, é importante adotar uma metodologia para colorir os mapas.

5.2.2 Algoritmo guloso para colorir mapas

O algoritmo guloso para colorir mapas é um método em que inicialmente devemos obter todos os vértices e os seus referidos graus. Em seguida, precisamos estabelecê-los em ordem decrescente, obtendo uma lista com os vértices que possuem maior número de adjacentes no começo.

Sendo v pertencente aos vértices V, G e C [i], o conjunto que possui a cor i, por exemplo, cor 1, cor 2 etc. C [r] é igual a zero, quando a cor r ainda não tiver sido utilizada.

Podemos descrever o algoritmo de colorir os vértices do grafo G da seguinte forma:

Etapa 1: Receber uma lista com os vértices ordenados em ordem decrescente quanto ao grau;
Etapa 2: Definir um conjunto C [i] = 0 com i = 1,...,n;
Etapa 3: Para j = 1, ..., n :
Etapa 4: Selecionar r, que se refere ao menor número de cor para colorir v [j], desde que nenhum vértice adjacente à v [j] possua essa cor e v [j], esteja inicialmente em C [r].
Etapa 5: Incluir v [j] no conjunto C [r].

Ao término, teremos uma lista de quais vértices devem ser coloridos com quais cores. Esse algoritmo é similar ao de coloração de vértices apresentado anteriormente, a principal diferença se encontra na modelagem do problema real para grafos, indicando com os vértices quais deverão ser as cores a serem utilizadas para colorir o mapa.

Teremos uma coloração ótima quando o número cromático X(G) corresponder ao número de cores utilizadas para colori-lo, dessa forma encontrando uma situação ideal. Note que a quantidade de cores utilizadas no mapa não corresponde ao número cromático, ou seja, podemos encontrar situações em que o número é diferente.

Ainda que tenha apresentado uma solução matemática que comprovasse a coloração conforme o indicado, o teorema de Kempe ficou conhecido por Heawood ter identificado um erro em seus cálculos que tornaram a assertiva incerta em relação à indicação de que o grafo fosse redutível. Apesar do questionamento sobre a validade do teorema, este se manteve ativo até ser comprovado por meio dos usos de computadores.

Heawood apresentou um novo teorema tendo como base os fundamentos apresentados na demonstração de Kempe em que, em vez de considerar quatro cores, adotou que todo mapa pudesse ser colorido com até cinco cores.

Estas alterações, de quatro para cinco cores, tornaram factível demonstrar as afirmações, resultando em um teorema mais forte e convincente. Ou seja:

Sendo G um grafo conexo planar, então $\chi(G) \leq 5$.

Portanto, pode-se considerar que todo mapa pode ser colorido com até cinco cores distintas para suas regiões fronteiriças, fazendo com que as adjacentes não possuam a mesma cor indicada.

5.3 Coloração de arestas

A coloração dos grafos pode ser tanto nos vértices quanto nas arestas. Cada um definido para atender a finalidades específicas. No caso das arestas, estas atendem às mesmas características da coloração dos vértices, porém, existem diferenças entre a execução e as propriedades da coloração de vértices e de arestas.

Se, na coloração de vértices, tínhamos o número cromático indicando o seu menor número de cores, na coloração de arestas, temos o índice cromático, que é a quantidade de cores mínimas para cada uma de tal forma que arestas incidentes no mesmo vértice tenham cores diferentes.

A representação do índice cromático é: $x'(G)$.

Assim como no caso dos vértices, em um grafo G com m arestas podemos colorir cada aresta com uma cor única, resultando m cores na coloração de G. O problema reside em saber qual é o menor número de cores com que é possível colorir as arestas de um grafo.

Na figura a seguir, veremos uma representação com as arestas coloridas.

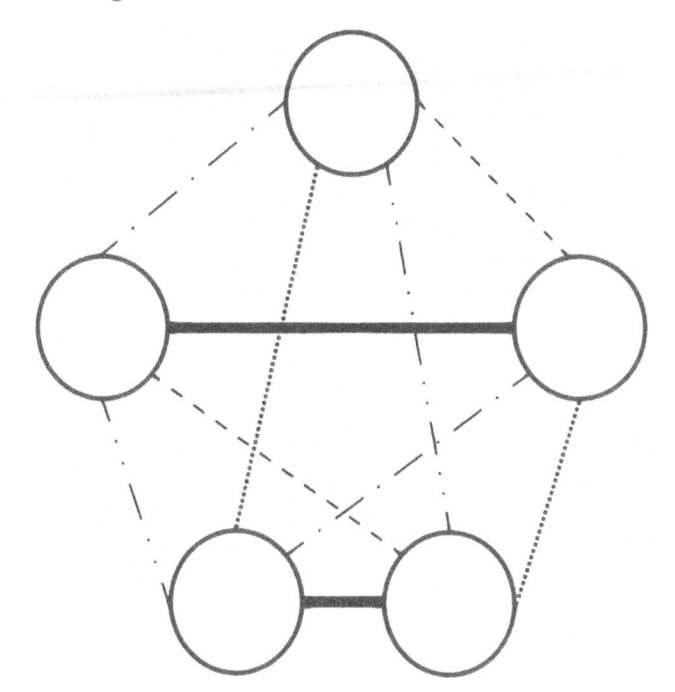

Figura 5.35: Grafo com arestas coloridas.

Fonte: Elaborada pelo autor.

Em 1964 o pesquisador matemático ucraniano Vadim Georgievich Vizing conseguiu provar que, para um grafo G, o índice cromático possui um limitante superior.

O limitante inferior é obtido pelo grau máximo de G, sendo representado por $\Delta(G)$ e se refere ao número máximo de arestas incidentes em um vértice. Conforme proposto por Vizing, o índice cromático de G pode ser no máximo $\Delta(G) + 1$. Dessa forma, podemos ter tanto uma limitação inferior quanto superior do número de cores possível para as arestas.

Considerando o grau máximo do grafo G representado por $\Delta(G)$, logo '(G) deve ser maior ou igual a ele, e o índice cromático precisa ser menor ou igual ao grau máximo de G. Podemos representar essa fórmula da seguinte maneira:

$\Delta(G) \leq x'(G) \leq \Delta(G) + 1$.

O estudo de Vizing apresentou um desdobramento que ficou conhecido como o Problema da Classificação, no qual temos duas classes: 1 e 2. Para um grafo ser da Classe 1: $x'(G) = \Delta(G)$, já para ser da Classe 2 (caso em que $x'(G) = \Delta(G) + 1$).

Apesar da definição ser bem clara e objetiva, a sua comprovação é difícil, ou seja, é considerado um problema NP-Completo identificar se um grafo é da classe 1 ou da classe 2.

Uma forma de colorir as arestas dos grafos é por meio do algoritmo a seguir, o qual considera a necessidade de cores diferentes em arestas que estejam conectadas ao mesmo vértice.

Inicialmente o grafo encontra-se sem cores, e a cada iteração deve selecionar uma nova aresta ainda não colorida. Para essa aresta, deve-se considerar uma cor ainda não utilizada entre elas que saem do mesmo vértice.

Para conseguir colorir as arestas do grafo muitas vezes é preciso rotacionar o mesmo para conseguir obter a certeza de que cores iguais não serão aplicadas em arestas adjacentes. A rotação consiste em mudar a aresta que se está analisando.

Podemos utilizar o seguinte algoritmo para colorir as arestas de um grafo:

Inicialmente consideramos que todas as arestas do grafo G descoloridas e uma lista das cores disponíveis c1, c2, c3... cn, sendo n o número máximo de cores para colorir as arestas do grafo.

Etapa 1: Inicie com um grafo G e uma lista de cores c1, c2, c3, . . . , cm;

Etapa 2: Realize uma rotulação das arestas de G: a1, a2, a3, . . ., am;

Etapa 3: Identifique uma aresta não colorida conforme a ordem recebida na etapa 2; para esta aplique a primeira cor da lista ainda não utilizada nas arestas que já estão coloridas e que sejam adjacentes à visitada agora;

Etapa 4: Repita a etapa 3 até que todas as arestas estejam coloridas.

A seguir, veremos um exemplo de coloração de arestas:

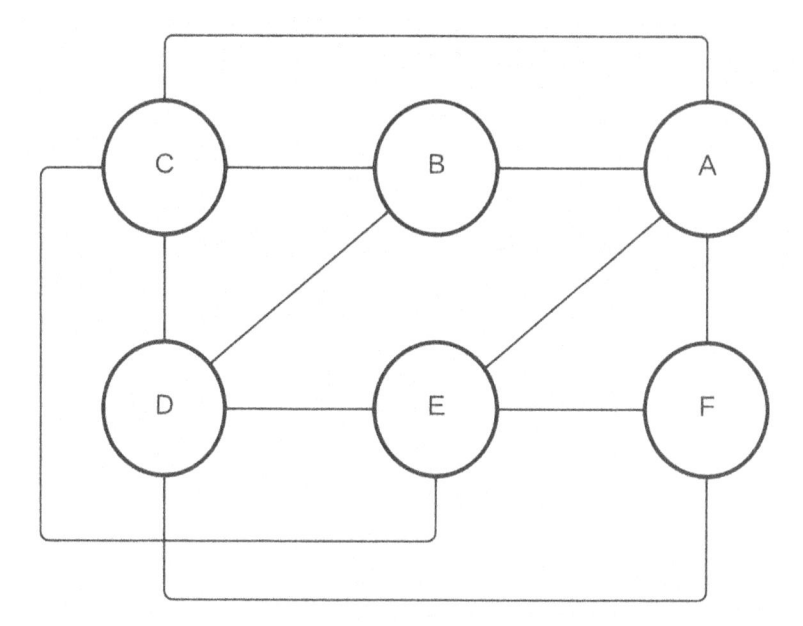

Figura 5.36: Exemplo de grafo para colorir arestas.

Fonte: Elaborada pelo autor.

No início, todas as arestas do grafo G encontram-se descoloridas representando que não foram visitadas ainda.

A seguir, veremos um exemplo de coloração de arestas. Verificamos cada vértice conforme seu grau, obtendo a tabela a seguir:

Vértice	A	B	C	D	E	F
Grau	4	3	4	4	4	3

Conforme apresentado, o grau máximo de um vértice pertencente a este grafo é 4, assim devemos colori-lo com até quatro cores.

Vamos considerar que as arestas conectadas aos vértices A, C, D e E devam ser visitadas primeiro, pois possuem maior grau e eles são similares, assim podemos visitá-las em qualquer ordem.

Iniciaremos com o vértice A, aplicando uma cor distinta para cada uma de suas quatro arestas conectadas:

Figura 5.37: Colorindo as arestas conectadas no vértice A.

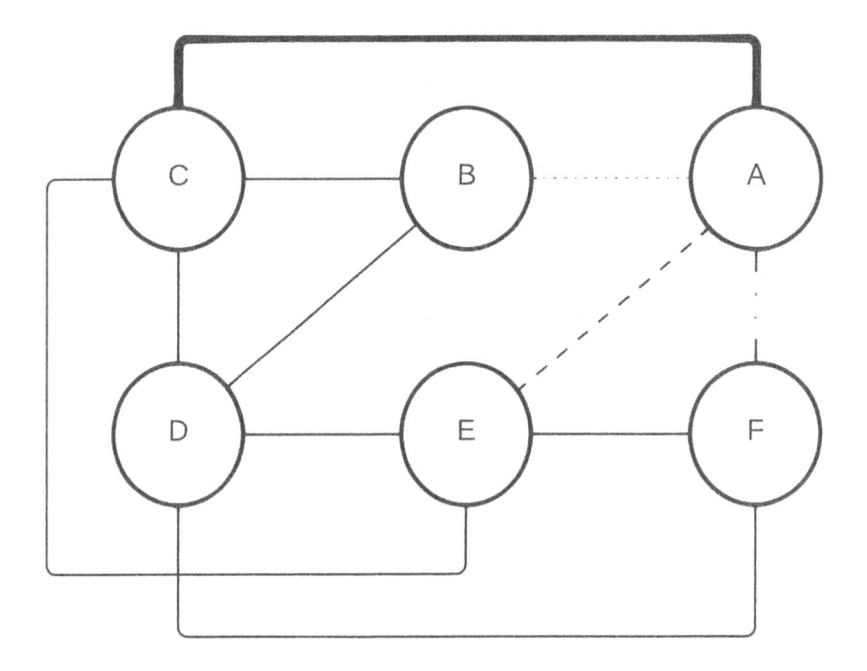

Fonte: Elaborada pelo autor.

Avançamos agora para o próximo vértice conforme seu grau, no caso selecionamos o C. Para este temos também quatro arestas conectadas, das quais uma se encontra colorida, então utilizamos as outras três cores restantes e identificamos quais são as adjacentes, para colorir de outra cor.

Note que de todas as arestas provenientes de C, considerando a que se conecta com o vértice A, as demais não são adjacentes, então podemos colori-las aleatoriamente, assim podemos colorir o vértice entre C e B:

Figura 5.38: Colorindo a aresta CB conectada no vértice C.

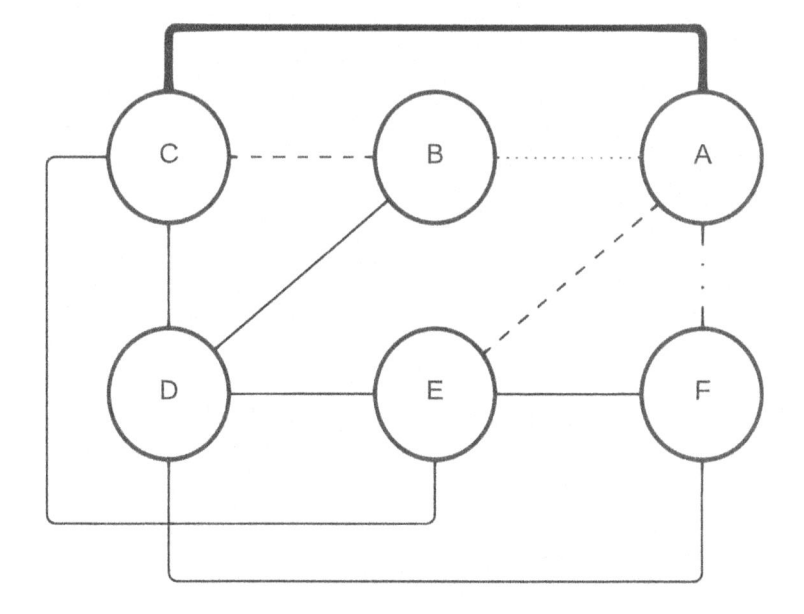

Fonte: Elaborada pelo autor.

Agora temos duas cores faltantes, devemos utilizá-las para as demais arestas conectadas em C, assim avançamos para a CD:

Figura 5.39: Colorindo a aresta CD conectada no vértice C.

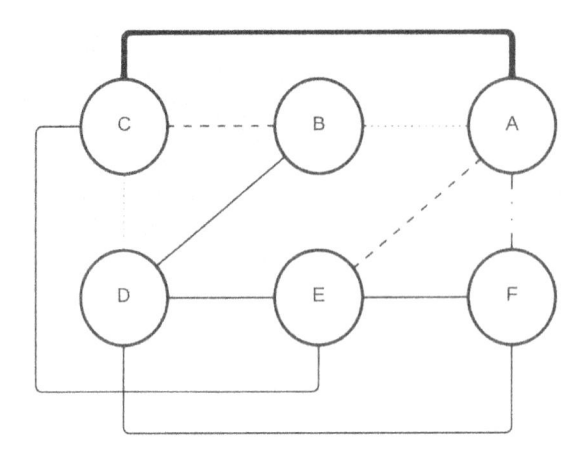

Fonte: Elaborada pelo autor.

Por fim, temos a aresta CE que ainda não possui cor, então utilizamos a última cor:

Figura 5.40: Colorindo a aresta CE conectada no vértice C.

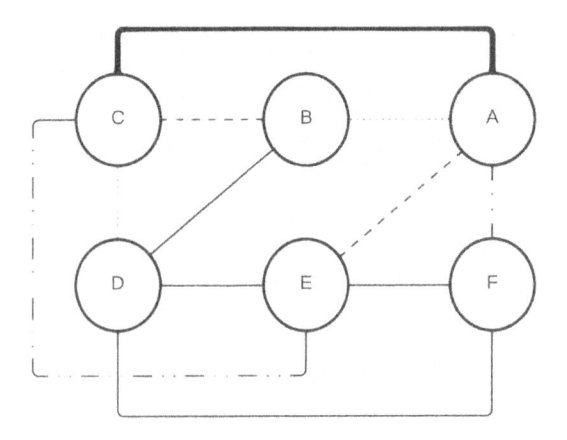

Fonte: Elaborada pelo autor.

Devemos realizar esse procedimento com o próximo vértice de grau 4, no caso o D, utilizando o mesmo método obtemos:

Figura 5.41: Colorindo as arestas conectadas no vértice D.

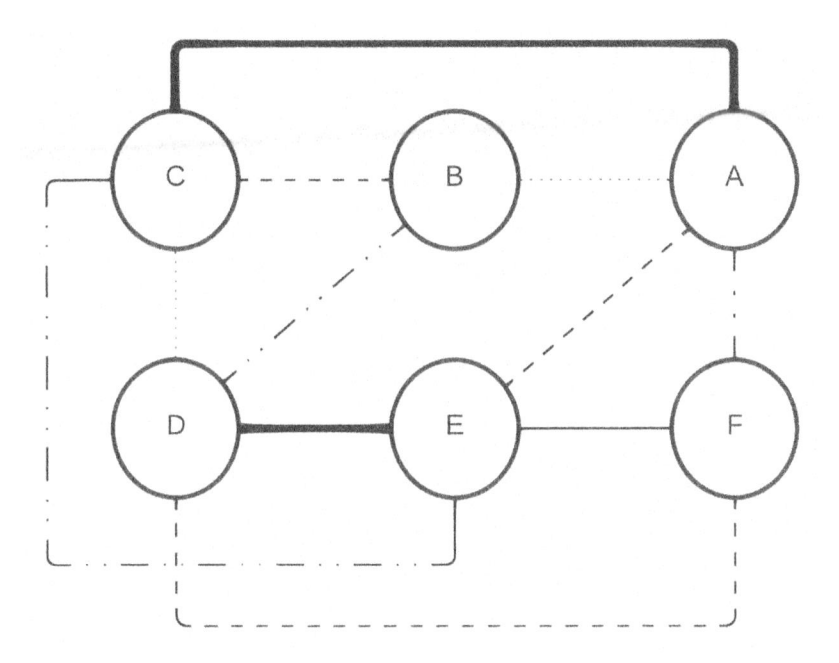

Fonte: Elaborada pelo autor.

De todas agora resta somente uma não colorida, a aresta EF, nesse caso devemos verificar a aresta E com grau 4 e identificar qual cor ainda não foi utilizada para aplicá-la. Obtendo:

Figura 5.42: Colorindo a aresta EF conectada no vértice E.

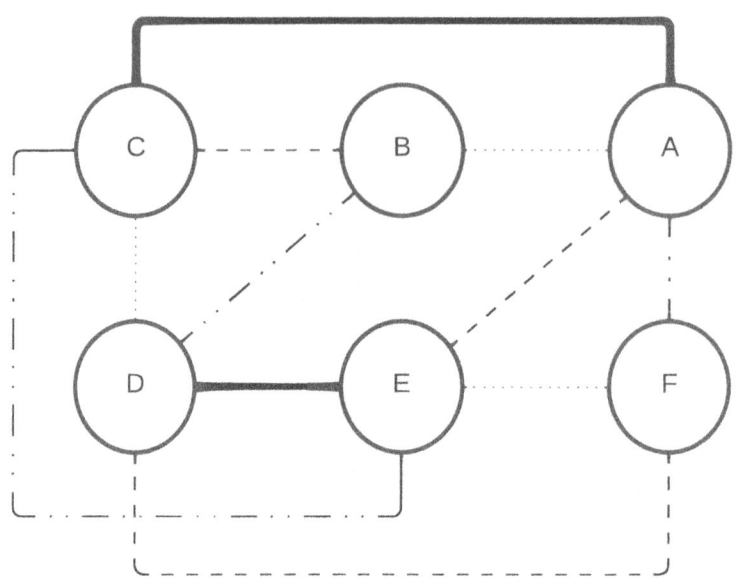

Fonte: Elaborada pelo autor.

Finalizamos a coloração das arestas do grafo G. Aqui, também identificamos quantos passos grandes foram necessários, ou seja, quantos vértices foram precisos visitar para colorir todas as arestas do grafo.

Nesse exemplo, foram visitados quatro vértices: A, C, D e E. Logo, foram necessárias quatro etapas grandes para colorir todas as arestas do grafo sem repetir cor nas arestas adjacentes.

5.4 Conclusões

A coloração de vértices ou arestas apresentam novas possibilidades de estudos e aplicações dos grafos. Elas permitem explorar os grafos com usos que vão além da modelagem de problemas que podem ser resolvidos através de caminhos curtos ou ciclos.

O exemplo das formas de se colorir mapas utilizando uma quantidade mínima necessária de cores demonstra bem como usá-las. Além dessas, existem diversas aplicações em que um problema é modelado em um grafo e solucionado conforme a quantidade de etapas necessárias para se colorir todo o grafo.

Os grafos são uma forma de estudar problemas muito mais amplos do que meramente vértices conectados por arestas. A inteligência em abstrair um problema para utilizá-los requer um conhecimento das possibilidades de uso.

Implementar mapas rodoviários, ferroviários, gerar distribuição de docentes por disciplinas durante os dias da semana, resolver problemas matemáticos. Existem diversas aplicações cuja solução se torna mais simples conforme o emprego das cores nos grafos.

No próximo capítulo conheceremos os grafos com as características de árvores, suas propriedades e como podemos utilizá-los.

6. ÁRVORES

Um grafo representa a relação existente entre vértices conectados entre si por arestas. Conforme ocorrem essas conexões, podemos ter grafos orientados, não orientados, com laços, conexos ou desconexos entre outras variações.

Existe um tipo especial com propriedades bem definidas que é denominado árvore, podemos obter uma árvore A de um grafo G de forma com que esta apresente propriedades que permitam utilizá-la para solucionar problemas.

O estudo de árvores em grafos iniciou-se com Arthur Cayley, que em 1889 publicou um artigo que abordava o assunto, no qual apresentava uma fórmula para a contagem de árvores geradoras de um grafo completo. O resultado desse artigo ficou conhecida como Fórmula de Cayley.

A definição da fórmula estabelece que um grafo, seja ele orientado ou não, pode ser representado por uma árvore, desde que seja conexo e acíclico, ou seja, que não contenha nenhum ciclo de qualquer tamanho.

Na figura a seguir, veremos duas representações de árvores. Ambas são conexas e não possuem ciclos.

Figura 6.1: Árvores.

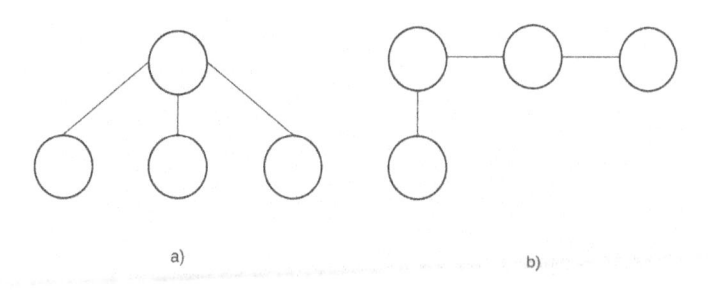

a)   b)

Fonte: Elaborada pelo autor.

Quando temos um grafo conexo e acíclico, temos uma floresta, composta pelo conjunto de árvores conectadas entre si. Caso exista somente um componente conexo, temos uma árvore, que é uma floresta conexa.

6.1 Floresta

Quando temos um grafo composto por componentes conexos que são árvores, temos uma floresta. Na próxima figura, veremos uma representação de uma floresta na qual conseguimos identificar as árvores que compõem esta representação de grafo.

Figura 6.2: Floresta.

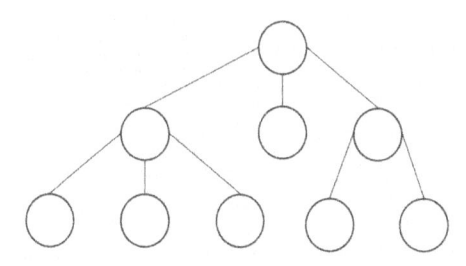

Fonte: Elaborada pelo autor.

Uma árvore apresenta algumas propriedades muito importantes, dentre elas a possibilidade de apresentar um único caminho entre dois vértices quaisquer.

O motivo para essa propriedade existir é que uma árvore não pode ter ciclos, já que um ciclo implica na existência de ao menos dois caminhos que conectam um determinado vértice até o outro. Sendo então acíclico, o número de arestas se encontra relacionado com o número de vértices.

Com isso, podemos dizer que uma árvore M possui a quantidade de vértices menos 1 de arestas: $|A| = |V| - 1$.

Figura 6.3: Árvore com vértices e arestas rotuladas.

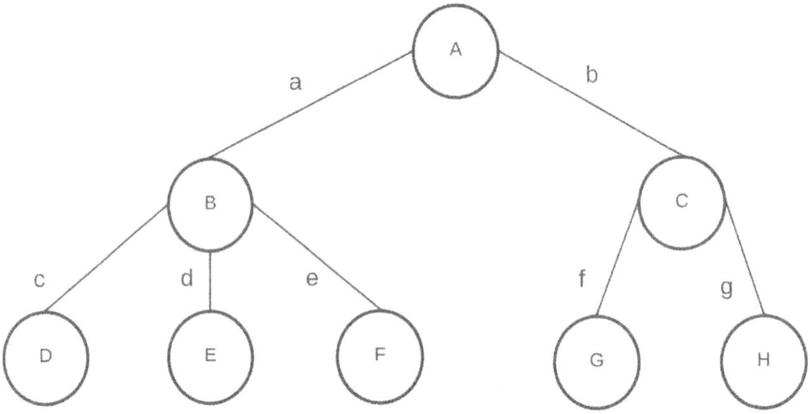

Fonte: Elaborada pelo autor.

No exemplo da Figura 6.3, temos uma árvore com as seguintes arestas: a, b, c, d, e, f, g. As quais conectam os vértices: A, B, C, D, E, F, G, H. Nesse caso, a quantidade de arestas é 7 e a de vértices é 8, ou seja: $|A| = 7$ que é igual a $|V| - 1 = 8 - 1 = 7$.

Essa característica é muito importante, pois, além de limitar a quantidade de arestas, também direciona a forma com que podemos identificar a formação de florestas.

Desta propriedade também obtemos a seguinte informação: se a quantidade de arestas igual a |A| e a de vértices igual a |V|, se |A| ≥ |V| isso indica que o grafo possui ao menos um ciclo.

Se separarmos a árvore da Figura 6.3 em duas árvores com a remoção da aresta *a*, conforme demonstrado na figura a seguir, teremos a seguinte característica para cada árvore:

Figura 6.4: Árvore com vértices e arestas rotuladas.

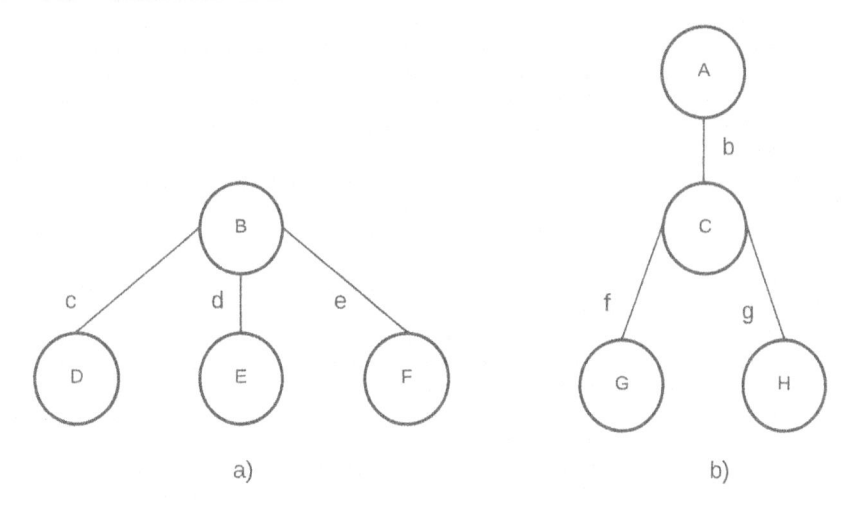

Fonte: Elaborada pelo autor.

Podemos observar que a árvore (a) possui $|A_a| = 3$ e $|V_a| = 4$ e a árvore (b) possui $|A_b| = 3$ e $|V_b| = 4$. Nesse caso, quando unimos as duas inserindo a aresta a novamente, formando uma floresta, a quantidade de arestas será igual à somatória das arestas das árvores, mais a quantidade de árvores adicionadas menos 1, ou seja: $|A_a| + |A_b|$ + (quantidade de árvores) -1 = 3 + 3 + (2 − 1) = 7. Pois temos o acréscimo da aresta que conecta as árvores a uma floresta.

Para os vértices, esse se mantém para cada árvore adicionada na floresta, então teremos $|V_a| + |V_b| = 4 + 4 = 8$. Dessa forma, mostrou-se que a regra de |A| = |V| − 1 também pode ser aplicada em uma floresta.

Outra característica das árvores é em relação ao grau. Em uma árvore a soma de todos os graus é obtida por meio do número de vértices.

Então no exemplo da Figura 6.3, temos que a quantidade de vértices |V| é 8, dessa forma a soma dos graus é 2|V| - 2. Nesse exemplo, os seguintes graus para cada vértices:

grau(A) = 2   grau(B) = 4   grau(C) = 3
grau(D) = 1   grau(E) = 1   grau(F) = 1
grau(G) = 1   grau(H) = 1

Sendo a soma dos graus: 2 + 4 + 3 + 1 + 1 + 1 + 1 + 1 = 14.
E pela fórmula: 2 * |V| - 2 = 2 * 8 – 2 = 14.

Dessa maneira, podemos obter o grau de uma árvore de uma forma mais simplificada e objetiva, facilitando o seu uso.

6.2 Árvore rotulada

Existem casos em que temos uma árvore que pode ser rotulada, ou seja, tanto as arestas quanto os vértices possuem rótulos. Ela possui uma característica que, caso existam duas árvores rotuladas, elas serão idênticas se os conjuntos de vértices forem iguais e os de arestas também.

Assim, temos M e Mt duas árvores rotuladas:

M = (V, A) e Mt = (Vt, At)

Logo, M é igual a Mt, caso V = Vt e A = At.

Como estamos tratando de rótulos, a forma das árvores não indica igualdade. Podemos ter árvores com formas idênticas, porém com rótulos diferentes, então sendo árvores rotuladas, elas serão diferentes entre si.

Na figura a seguir, veremos um exemplo de árvores rotuladas idênticas:

Figura 6.5: Árvores rotuladas idênticas.

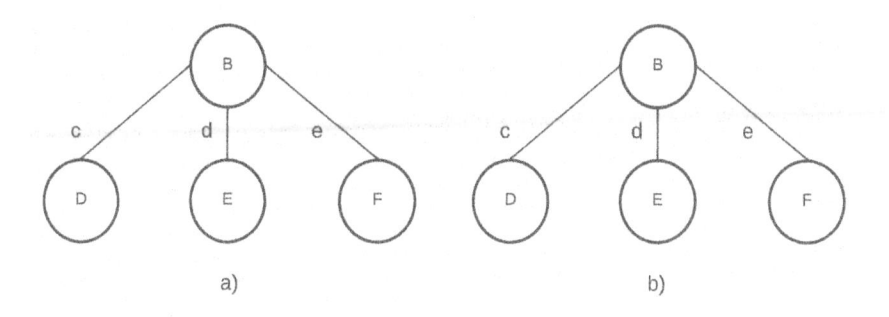

a)   b)

Fonte: Elaborada pelo autor.

E a seguir, veremos exemplos de árvores rotuladas que apresentam a mesma forma, porém com rótulos diferentes, não sendo iguais:

Figura 6.6: Árvores rotuladas diferentes.

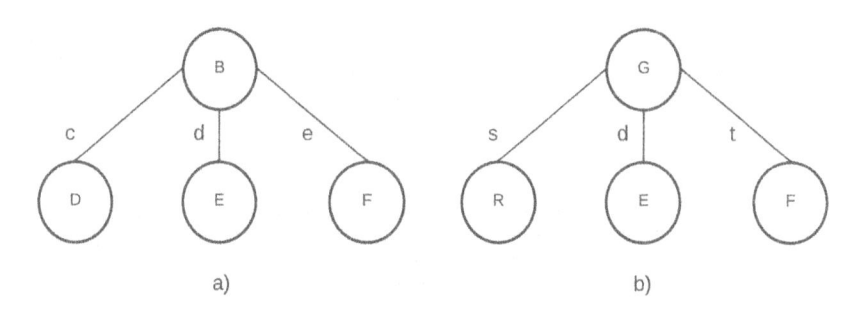

a)   b)

Fonte: Elaborada pelo autor.

A diferença se encontra nas arestas s e t existentes na árvore (b), que na (a) são as arestas *c* e *e* respectivamente. Também temos diferenças nos vértices B, D e F da árvore (a) com relação aos vértices G, R e F na árvore (b).

6.3 Árvore com raiz

Uma árvore com raiz também é conhecida como enraizada, nesse caso, existe um vértice inicial a partir do qual os demais se originam, de onde vão partindo as arestas que os conectam.

Esse direcionamento das arestas permite criar um caminho direcionado na árvore, que indica qual a ser seguido entre a raiz e os outros vértices.

Quando se tem uma árvore enraizada, também temos uma hierarquia, indicando quais os níveis hierárquicos conforme a distância entre o vértice e o vértice raiz.

Na figura a seguir, veremos um exemplo de uma árvore com raiz que possui níveis em relação aos demais vértices. No caso a raiz é A, do qual se originam os demais vértices conectados por arestas. Note que a árvore é conexa e não possui ciclos:

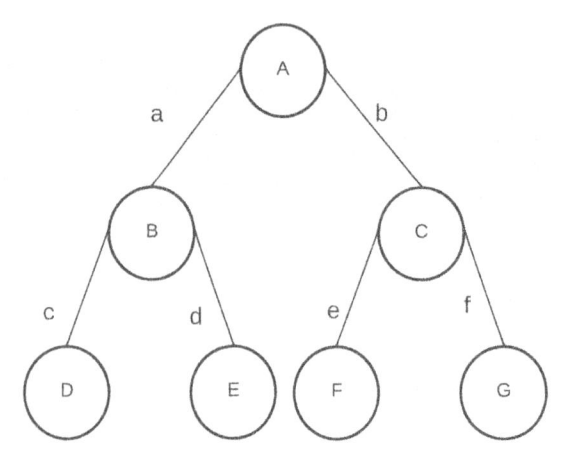

Figura 6.7: Árvore com raiz.

Fonte: Elaborada pelo autor.

6.4 Ponte

Uma árvore é composta de vértices que se encontram conectados entre si através de arestas e não existe ciclos entre eles. Temos então uma floresta que é um conjunto de árvores interligadas por arestas.

Toda árvore, e consecutivamente floresta, é conexa, ou seja, é possível, partindo de qualquer vértice, acessar qualquer outro. Caso não exista um único caminho entre dois vértices que pertençam a floresta que os conecte, então não temos uma árvore, pois o grafo não será conexo.

Considerando essa regra, temos um conceito denominado ponte, que se refere às arestas específicas da árvore cuja remoção dela pode separar a árvore em duas outras conexas.

Dessa forma, são as arestas que possibilitam realizar a desconexão da árvore, e com isso podendo dividir grandes árvores em partes menores, os subgrafos.

Podemos definir uma ponte como uma aresta que não faça parte do caminho existente entre o vértice de origem O e o de destino D, logo um vértice que não faça parte deste caminho é considerado ponte.

Na figura a seguir, veremos denotado um exemplo de ponte entre os vértices A e D:

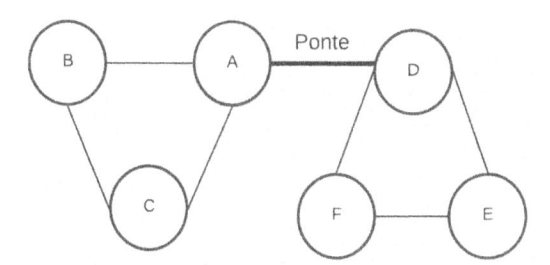

Figura 6.8: Ponte de um grafo.

Fonte: Elaborada pelo autor.

A distinção de qual aresta pode ser ponte nem sempre é fácil de identificar, pois dependendo da complexidade do grafo podemos ter situações em que a remoção de uma aresta não basta para separá-lo em duas partes.

Isso ocorre principalmente quando temos um ciclo no grafo, o que já o caracteriza como não sendo uma árvore. Na figura a seguir, veremos um exemplo em que indicamos a remoção de uma aresta que não produz dois grafos desconexos.

Figura 6.9: Grafo não desconexo após remoção de aresta.

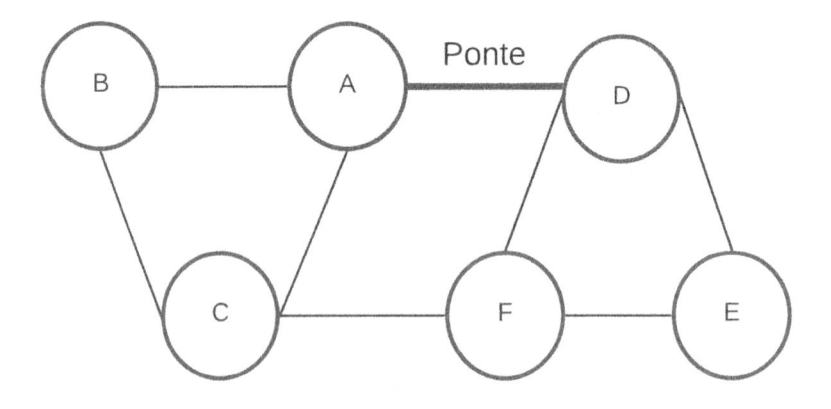

Fonte: Elaborada pelo autor.

Conforme apresentado, apesar da aresta AD ter sido removida, ainda é possível encontrar um caminho que conecte o vértice A ao D, como será visto a seguir:

Figura 6.10: Utilizando caminho alternativo no grafo.

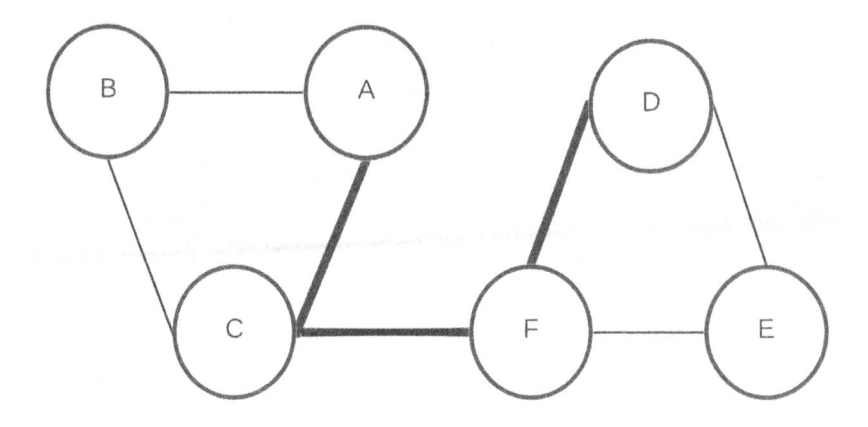

Fonte: Elaborada pelo autor.

São a existência dos ciclos que inviabilizam definir quais são as pontes em um grafo, tornando a tarefa de descobrir quais arestas precisam ser removidas uma atividade mais custosa do que em uma árvore.

Como as árvores não possuem ciclos, sabemos que a remoção de uma determinada aresta será o suficiente para dividir o grafo em duas partes conexas. Nesse caso, ambas as duas subarvores apresentam as mesmas propriedades da árvore, ou seja, serão conexas e acíclicas.

6.5 Árvore geradora

Uma árvore geradora (do inglês, *spanning tree*) é uma representação de um grafo em que existe somente um caminho entre qualquer vértice. Ou seja, partindo de um vértice O existe apenas um caminho que pode ser percorrido para chegar a um outro vértice D pertencente ao grafo. Isso se aplica a quaisquer pares de vértices do grafo.

Podemos afirmar que, sendo um grafo $G = (V, A)$, é possível ter uma árvore geradora T na qual todos os vértices de G se encontram em T, porém a quantidade de arestas é menor do que em G, assim tendo T = (V, At). T é um subgrafo de G.

Sendo T uma árvore geradora e At as arestas de T, logo uma aresta pertencente a At é uma ponte. Outro aspecto é que um grafo G pode ter diversas árvores geradoras, dessa forma é relevante identificar quantas árvores geradoras existem em um grafo. Para definir essa quantidade existe um procedimento denominado código de Prüfer.

6.5.1 Código de Prüfer

Ao longo dos anos, diversos pesquisadores têm estudado os grafos e as árvores em relação às formas como podem ser representadas. Um deles foi Prüfer, que, no início do século passado, apresentou um dos resultados mais importantes em termos de árvores geradoras, uma codificação para as rotuladas.

O código de Prüfer apresenta uma simplicidade, podendo ser empregado na contagem como forma de gerar árvores rotuladas, além de ser utilizado como forma de validar as propriedades das árvores.

A proposta do código de Prüfer é a seguinte: sendo uma árvore T com n vértices rotulados, temos que toda árvore com ao menos dois vértices possui então duas folhas, ou seja, os dois vértices resultantes são folhas.

O código então apresentará uma sequência de vértices pertencentes à árvore e como resultado teremos uma contendo somente dois vértices, independentemente do tamanho original da árvore.

Para isso utiliza-se um algoritmo que, a cada iteração, vai removendo uma folha da árvore, sendo sempre a folha, com menor rótulo naquela iteração. Conforme remove a folha vai atualizando e registrando o seu vizinho, até que reste somente uma aresta.

No código de Prüfer, podemos fazer as seguintes considerações: sendo T = (V, A) uma árvore com n vértices rotulados, temos então:

T_i = estado da árvore no instante $i > 0$;

s_i = indicar o vértice selecionado no instante i;

t_i = indica o vértice vizinho a s_i.

A proposta de funcionamento do algoritmo é que inicialmente devemos colocar em ordem crescente todo vértice folha, ou seja, cujo grau é 1. Então com esta lista ordenada devemos considerar s1 como o vértice que tenha o menor rótulo.

Uma vez identificado quem é o s1, devemos adicionar o seu vizinho em t1, sendo este o primeiro elemento do código de Prüfer. Depois devemos remover tanto o vértice de s1 quanto sua aresta até o vizinho da árvore. Assim, dando origem à nova árvore reduzida.

Em cada iteração devemos obter o vértice folha com menor rótulo e inserir o seu vizinho em ti. Dessa forma, começamos a agregar a informação no código de Prüfer. Esse procedimento deve ser realizado, e, quando ocorrer a geração de uma nova folha, pois os vértices folhas dele foram removidos, ela deve ser considerada no processo, ou seja, verificar a sua ordenação quanto ao rótulo e então ser trabalhado.

A finalização do processo ocorrerá quando restarem apenas dois vértices na árvore. Nesse momento obtemos uma sequência de tamanho n − 2 referente ao código Prüfer.

Para exemplificar a execução do código de Prüfer, vamos considerar a árvore a seguir:

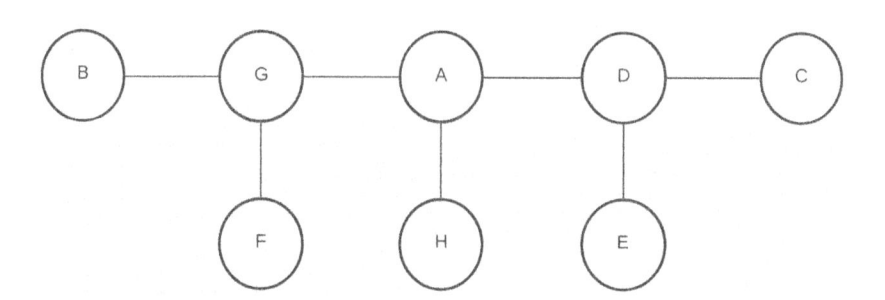

Figura 6.11: Exemplo do código de Prüfer.

Fonte: Elaborada pelo autor.

Dessa árvore devemos fazer a distinção de quais vértices são folhas, ou seja, são extremidades da árvore e que contêm somente uma aresta conectada:

Figura 6.12: Identificação em cinza das folhas da árvore.

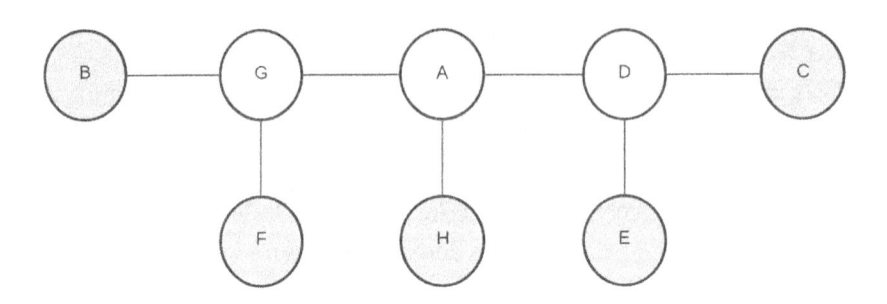

Fonte: Elaborada pelo autor.

Para os vértices que são folhas, devemos colocá-los em ordem crescente conforme o seu rótulo, no caso temos:

B, C, E, H, F

E para os que não são folhas, também em ordem crescente:

A, D, G

Agora, podemos montar a tabela para registrar as iterações e a árvore de Prüfer resultante com a iteração inicial 0, ou seja, a árvore antes da execução do código. Nessa tabela, iremos percorrer a árvore considerando inicialmente as folhas em sua ordem crescente:

Iteração i	Árvore Ti	si	ti
0	{A, B, C, D, E, F, G, H}	∅	∅

A iteração 1 irá considerar o vértice B, devemos removê-lo da árvore e registrar o seu vizinho, que no caso é o G:

Iteração i	Árvore Ti	si	ti
0	{A, B, C, D, E, F, G, H}	∅	∅
1	{A, C, D, E, F, G, H}	{B}	{G}

A árvore resultante da remoção é:

Figura 6.13: Remoção do vértice B da árvore.

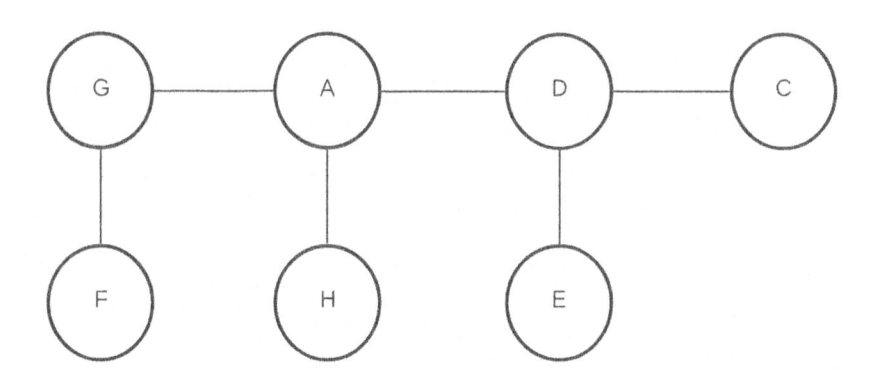

Fonte: Elaborada pelo autor.

Na próxima iteração iremos considerar o vértice C, devemos removê-lo da árvore e registrar o seu vizinho, no caso o D:

Iteração i	Árvore Ti	si	ti
0	{A, B, C, D, E, F, G, H}	∅	∅
1	{A, C, D, E, F, G, H}	{B}	{G}
2	{A, D, E, F, G, H}	{B, C}	{G, D}

Obtemos, então:

Figura 6.14: Remoção do vértice C da árvore.

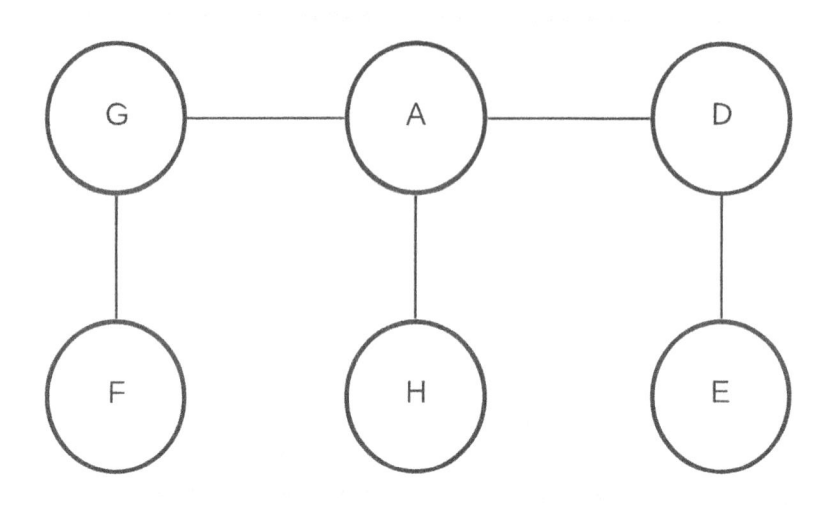

Fonte: Elaborada pelo autor.

Agora, iremos verificar o vértice E, que é folha, em que seu vizinho também é D:

Iteração i	Árvore Ti	si	ti
0	{A, B, C, D, E, F, G, H}	∅	∅
1	{A, C, D, E, F, G, H}	{B}	{G}
2	{A, D, E, F, G, H}	{B, C}	{G, D}
3	{A, D, F, G, H}	{B, C, E}	{G, D, D}

Na figura a seguir, temos a árvore no instante 3, note que com a remoção dos vértices C e E, então D se tornou um vértice folha:

Figura 6.15: Remoção do vértice E da árvore.

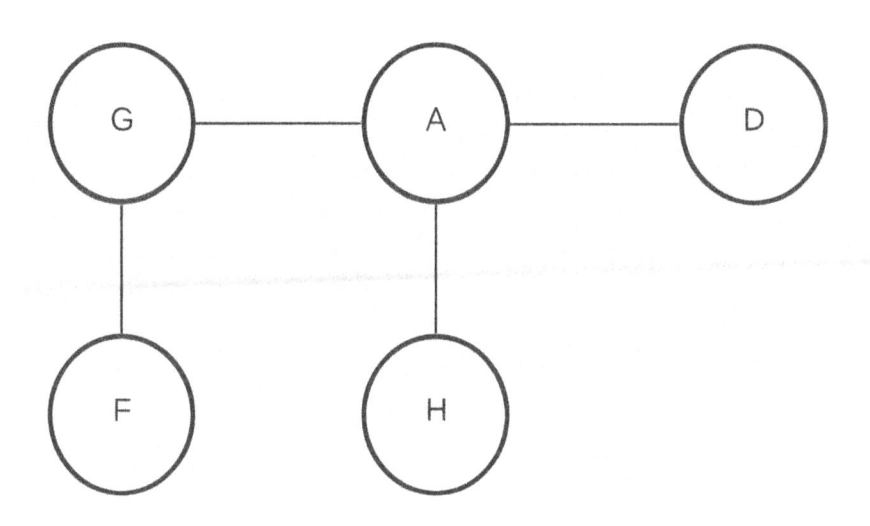

Fonte: Elaborada pelo autor.

Com isso, devemos ajustar a lista dos vértices folhas para remover de acordo com a ordem crescente:
D, F, H
Realizando a remoção do vértice D, temos:

Iteração i	Árvore Ti	si	ti
0	{A, B, C, D, E, F, G, H}	∅	∅
1	{A, C, D, E, F, G, H}	{B}	{G}
2	{A, D, E, F, G, H}	{B, C}	{G, D}
3	{A, D, F, G, H}	{B, C, E}	{G, D, D}
4	{A, F, G, H}	{B, C, E, D}	{G, D, D, A}

A árvore resultante fica igual a:

Figura 6.16: Remoção do vértice D da árvore.

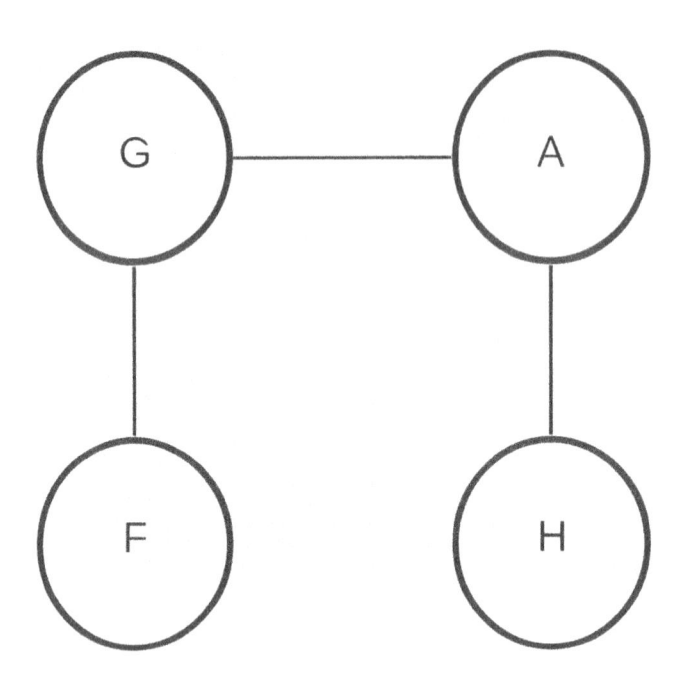

Fonte: Elaborada pelo autor.

Agora, vamos remover o vértice F:

Iteração i	Árvore Ti	si	ti
0	{A, B, C, D, E, F, G, H}	∅	∅
1	{A, C, D, E, F, G, H}	{B}	{G}
2	{A, D, E, F, G, H}	{B, C}	{G, D}
3	{A, D, F, G, H}	{B, C, E}	{G, D, D}
4	{A, F, G, H}	{B, C, E, D}	{G, D, D, A}
5	{A, G, H}	{B, C, E, D, F}	{G, D, D, A, G}

A árvore resultante fica igual a:

Figura 6.17: Remoção do vértice F da árvore.

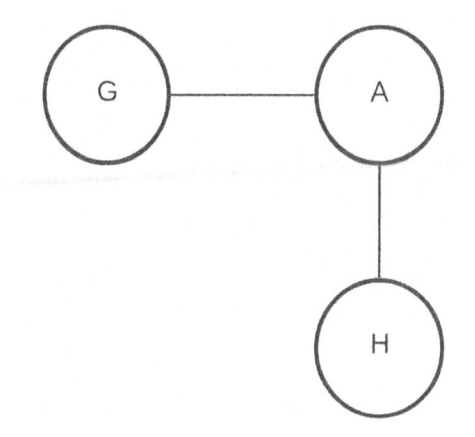

Fonte: Elaborada pelo autor.

Conforme o código de Prüfer, devemos obter no final uma árvore com dois vértices, logo devemos remover por último o vértice folha G, assim obtendo:

Iteração i	Árvore Ti	si	ti
0	{A, B, C, D, E, F, G, H}	∅	∅
1	{A, C, D, E, F, G, H}	{B}	{G}
2	{A, D, E, F, G, H}	{B, C}	{G, D}
3	{A, D, F, G, H}	{B, C, E}	{G, D, D}
4	{A, F, G, H}	{B, C, E, D}	{G, D, D, A}
5	{A, G, H}	{B, C, E, D, F}	{G, D, D, A, G}
6	{A, H}	{B, C, E, D, F, G}	{G, D, D, A, G, A}

Então, a árvore resultante final com a aplicação do código de Prüfer é:

Figura 6.18: Árvore resultante do código de Prüfer.

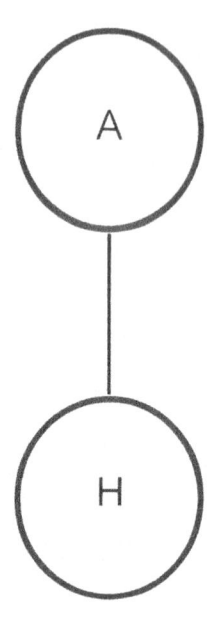

Fonte: Elaborada pelo autor.

E o código final de Prüfer é:

{G, D, D, A, G, A}.

6.5.2 Recuperação a partir do código de Prüfer

O resultado da aplicação do algoritmo de Prüfer é obter o código de Prüfer referente a uma árvore rotulada, esse código apresenta a sintetização do que é a árvore original e disponibiliza formas de recuperá-la. Desse modo, simplifica o uso das árvores geradoras.

Para recuperar a árvore original, precisamos do código de Prüfer e do conjunto dos vértices V que não constam nesse código. Por meio dessas informações, é possível recuperar toda a construção original.

A fim de possibilitar isso, devemos considerar o seguinte: para cada iteração, devemos pegar o primeiro elemento do código de Prüfer, aqui chamado de t1, e colocá-lo em ordem crescente os vértices não inclusos. Desses, pegamos também o primeiro elemento, aqui denominado v1.

Dessa dupla de vértices criamos a primeira aresta (t1,s1) e então devemos remover p1 e s1 de suas listas. Caso t1 não apareça mais no código de Prüfer, então devemos incluí-lo no conjunto de vértices V.

Devemos repetir todo esse processo até que o código de Prüfer fique um conjunto vazio, nesse momento devemos unir os dois vértices que sobraram em V.

Para exemplificar, vamos considerar o caso anterior, em que o código de Prüfer foi obtido. Então, temos o seguinte código:

t = {G, D, D, A, G, A}

e os vértices não inclusos, no caso os vértices existentes em si que não fazem parte do código de Prüfer, temos:

s = {B, C, E, F, G}

A partir desses dois conjuntos, construímos a tabela:

Iteração i	si	ti	arestas
0	{B, C, E, F, G}	{G, D, D, A, G, A}	Ø

Como primeira iteração, pegaremos o primeiro vértice de si e o de ti, teremos a aresta BG:

Iteração i	si	ti	arestas
0	{B, C, E, D, F, G}	{G, D, D, A, G, A}	Ø
1	{C, E, D, F, G}	{D, D, A, G, A}	BG

E a representação da árvore:

Figura 6.19: Obtendo a árvore resultante do código de Prüfer.

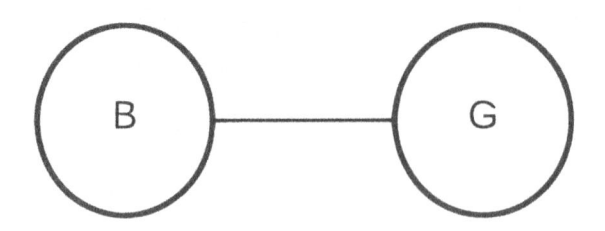

Fonte: Elaborada pelo autor.

Note que esses dois vértices compõem a folha que foi inicialmente removida da árvore no processo do código de Prüfer, conforme visto nas figuras anteriores.

Dando continuidade, pegaremos os próximos vértices de ambas as colunas: $s_2 = C$ e $t_2 = D$, assim, obtendo a aresta CD. Na tabela teremos:

Iteração i	si	ti	arestas
0	{B, C, E, F, G}	{G, D, D, A, G, A}	∅
1	{C, E, F, G}	{D, D, A, G, A}	BG
2	{E, F, G}	{D, A, G, A}	BG - CD

E nossa árvore resultante irá ficar da seguinte forma:

Figura 6.20: Obtenda a árvore resultante do código de Prüfer.

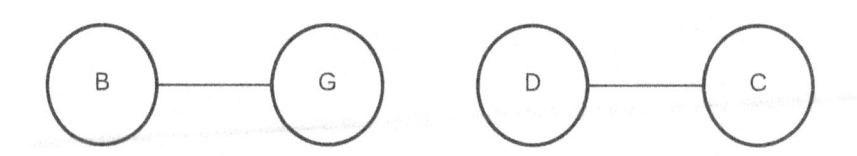

B —— G   D —— C

Fonte: Elaborada pelo autor.

Note que a árvore segue uma ordem conforme o código foi gerado, seguindo esse procedimento e conforme iremos avançando no algoritmo, teremos a tabela completa a seguir:

Iteração i	si	ti	arestas
0	{B, C, E, F, H}	{G, D, D, A, G, A}	∅
1	{C, E, F, H}	{D, D, A, G, A}	BG
2	{E, F, H}	{D, A, G, A}	BG – CD
3	{F, H}	{A, G, A}	BG – CD – DE
4	{F, H, D}	{A, G, A}	BG – CD – DE
5	{F, H}	{G, A}	BG – CD – DE – AD
6	{H}	{A}	BG – CD – DE – AD – FG
7	{H, G}	{A}	BG – CD – DE – AD – FG
8	{H}	∅	BG – CD – DE – AD – FG – AG

Iteração i	si	ti	arestas
9	{H, A}	∅	BG – CD – DE – AD – FG – AG
10	{H, A}	∅	BG – CD – DE – AD – FG – AG – AH

Em algumas etapas, acabamos tendo a inserção do vértice na coluna si, conforme podemos verificar nos passos 4, 7 e 9. Isso acontece quando temos o surgimento de uma raiz com suas folhas, note na figura a seguir, resultante do algoritmo de recuperação, que os vértices D, G e A possuem folhas saindo deles:

Figura 6.21: Exemplo do código de Prüfer.

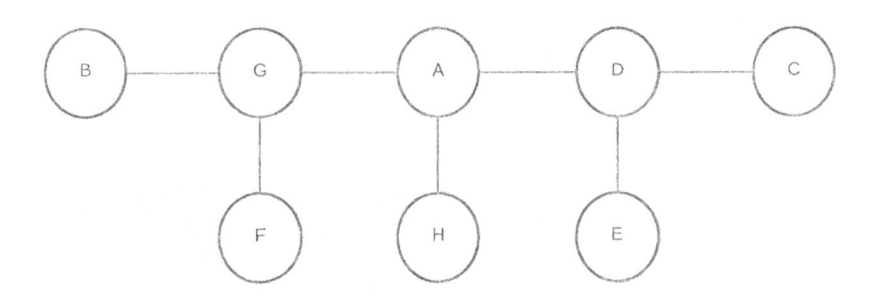

B — G — A — D — C
    | | |
    F   H   E

Fonte: Elaborada pelo autor.

Com isso, conseguimos identificar como gerar o código de Prüfer e depois como recuperar uma árvore desse código. Essa é uma das propriedades básicas que Prüfer apresentou, agora veremos outras características que podemos trabalhar.

A problemática de identificar a árvore geradora mínima foi pesquisada por outros matemáticos, dentre os estudos, dois algoritmos destacaram: o de Prim e o de Kruskal, que apresentam uma abordagem diferente para tratar o problema. A seguir, veremos sobre eles.

6.5.3 Algoritmo de Prim

Em 1930 o matemático tcheco Vojtěch Jarník apresentou uma proposta de solução para as árvores geradoras mínimas. Esta considerava tratar de grafos conexos não direcionados e ponderados, e sua solução resultava em um subgrafo originado desse grafo no qual a soma dos pesos das arestas é mínima e todos os vértices se encontram conectados entre si.

A proposta podia ser iniciada de qualquer vértice do grafo, considerando a inclusão de cada vértice da árvore geradora mínima. Em cada etapa, adiciona-se a aresta que apresenta o menor peso e adjacente ao conjunto de vértices já incluídos, além de também fazer a conexão com vértices ainda não inclusos.

Essa solução foi posteriormente estudada pelo cientista da computação estadunidense Robert Clay Prim, em 1957, que propôs um algoritmo que conseguisse implementá-la, sendo conhecido como Algoritmo de Prim. Dois anos depois, em 1959, essa solução foi analisada pelo holandês Edsger Dijkstra.

Podemos descrever o algoritmo de Prim da seguinte forma:

Considerando o grafo G:
Etapa 1: Selecionar um vértice O pertencente à G para iniciar a produção do subgrafo.
Etapa 2: Enquanto existir vértices que ainda não se encontram no subgrafo deve selecionar uma aresta para ser inserida no grafo junto ao com seu vértice.
Etapa 3: A aresta a ser inserida deve ser a de menor peso do grafo.
Etapa 4: Após a primeira aresta inserida, sempre devemos considerar as que se encontram conectadas com vértices que já estão conectadas com a árvore sendo gerada.

Etapa 5: Deve-se selecionar a aresta de menor peso, considerando que esta não crie um ciclo, fechando um caminho.

Etapa 6: Quando o último vértice for conectado na árvore gerada então o algoritmo finaliza a execução.

Vamos verificar a aplicação do algoritmo de Prim em um exemplo:

Figura 6.22: Exemplo do algoritmo de Prim.

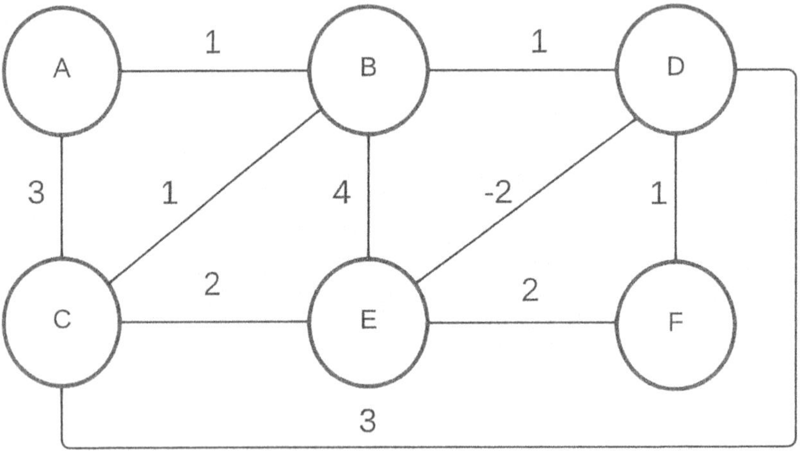

Fonte: Elaborada pelo autor.

Nesse grafo vamos iniciar o algoritmo escolhendo aleatoriamente o vértice A; dessa forma, inserimos o vértice na lista de vértices da árvore geradora, então vamos considerar T essa lista, assim tendo:

T = {A}

Também devemos obter a lista de arestas selecionadas, no caso vamos chamar de A.

No exemplo, vamos colorir de cinza os vértices que forem sendo selecionados:

Figura 6.23: Seleção do vértice A.

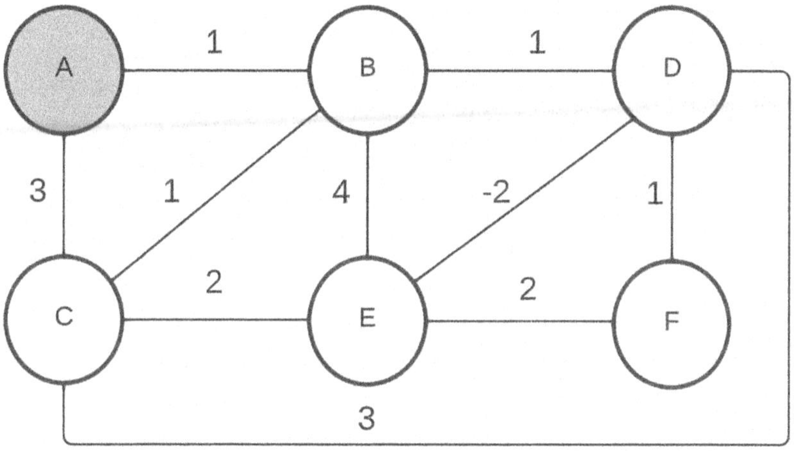

Fonte: Elaborada pelo autor.

Conforme o algoritmo, o caminho a ser seguido deve ser o vértice adjacente com o menor peso, temos duas possibilidades, AB com peso 1 e AC com peso 3, a escolha é ir pelo caminho AB de menor peso, então indicamos o caminho escolhido e marcamos o vértice B de cinza.

Nossa lista de vértices selecionados será:
T = {A, B}
Agora, a lista de arestas escolhidas para o caminho é:
A = {AB}

Figura 6.24: Caminho do vértice A para o vértice B.

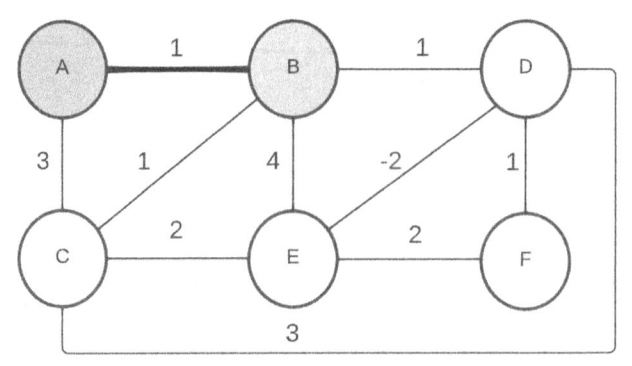

Fonte: Elaborada pelo autor.

Do vértice B temos três possibilidades não visitadas, o C com peso 1, o D com peso 1 e o E com peso 4. Nesse caso, podemos escolher entre o vértice C ou D. Vamos seguir pelo caminho do C.

Inserimos o vértice na lista T e demarcamos no grafo:
T = {A, B, C}
A = {AB, BC}

Figura 6.25: Caminho do vértice B para o vértice C.

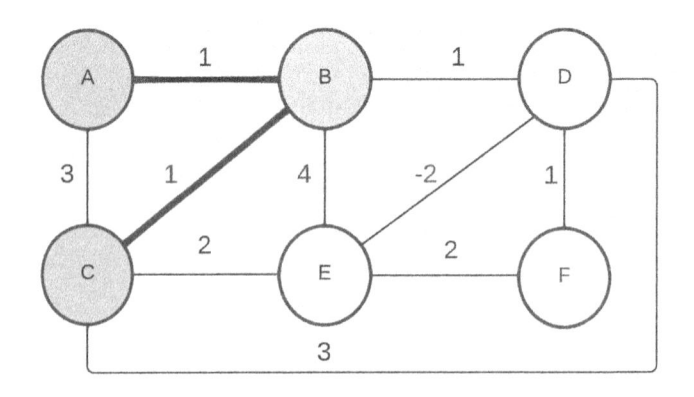

Fonte: Elaborada pelo autor.

Com mais vértices adicionados, devemos verificar entre eles qual possui o adjacente com menor peso que ainda não foi visitado. Para o vértice B, temos quatro adjacentes, dois já visitados: A e C, e dois que ainda não foram: D e E.

Já para o vértice C temos também quatro adjacentes: A e B visitados, e D e E, que não foram.

Entre os não visitados, temos os seguintes pesos:
BD = 1
BE = 4
CD = 3
CE = 2

Dentre as possibilidades, o caminho com menor peso é BD, que possui peso 1, dessa forma continuamos o algoritmo no vértice B. Outro adjacente é o D que possui peso 1, então inserimos na lista T e incluímos o caminho BD na lista de arestas:

T = {A, B, C, D}
A = {AB, BC, BD}

Figura 6.26: Caminho do vértice B para o D.

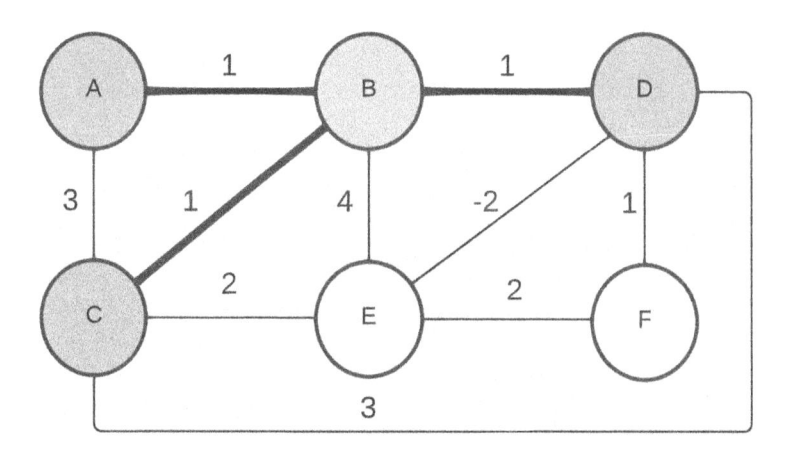

Fonte: Elaborada pelo autor.

Seguindo o mesmo raciocínio dos vértices adjacentes e dos pesos no caminho incluímos o D, e temos a seguinte lista dos vértices não visitados:

BE = 4
CE = 2
DE = -2
DF = 1

Logo, a aresta com menor peso é DE com valor -2. Dessa forma, inserimos o vértice em T:

T = {A, B, C, D, E}

E a aresta em A:

A = {AB, BC, BD, DE}

Identificando os valores no grafo:

Figura 6.27: Caminho do vértice D para o E.

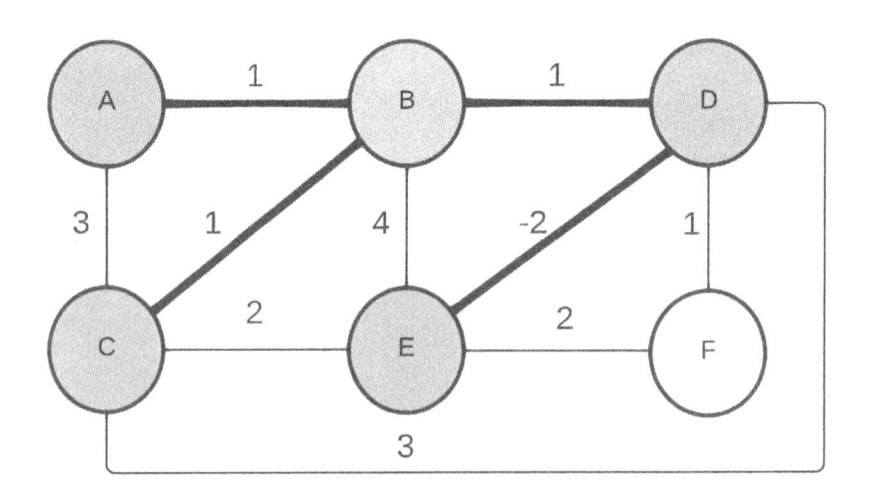

Fonte: Elaborada pelo autor.

Conforme a figura acima, resta somente o vértice F a ser visitado, nesse caso temos a lista de pesos das arestas:
DF = 1
EF = 2

O menor caminho é pela aresta DF, com peso 1, então inserimos o vértice F em T:

T = {A, B, C, D, E, F}

E a aresta DF em A:

A = {AB, BC, BD, DE, DF}

Atualizando a informação no grafo, temos:

Figura 6.28: Caminho do vértice D para o vértice F.

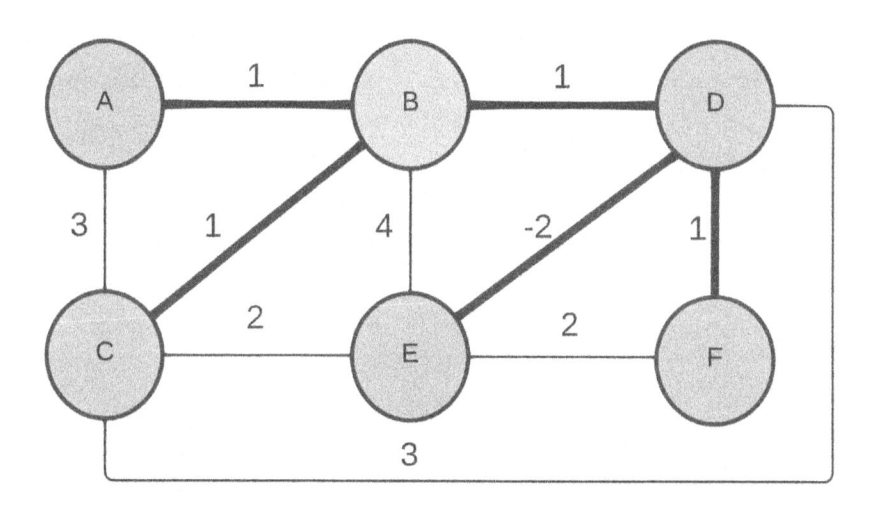

Fonte: Elaborada pelo autor.

Obtemos a árvore geradora mínima do grafo em que todos os vértices foram visitados e adicionados na árvore geradora, além de identificar qual é a aresta que os conecta.

6.5.4 Algoritmo de Kruskal

A solução proposta por Prim é eficiente, porém algumas melhorias foram pesquisadas e em 1956 o matemático e cientista da computação estadunidense Joseph Bernard Kruskal Jr. propôs uma solução que ficou conhecida como o Algoritmo de Kruskal.

Esse algoritmo apresenta uma árvore geradora mínima na qual a somatória dos pesos das arestas é mínima. A principal diferença entre a solução de Kruskal e a de Prim é que a primeira considera a inclusão de arestas na composição da árvore geradora mínima, enquanto a segunda considera os vértices. Assim, a nova solução permite a inserção de arestas na árvore gerada que ainda não se encontram conectadas com vértices existentes nela, possibilitando a implementação em grafos que não são conexos.

O algoritmo de Kruskal considera inserir na árvore mínima a aresta de menor peso desde que ela não gere um ciclo. A solução apresentada pelo matemático foi a de unir as arestas com menor peso em um grafo conexo e, com isso, gerar a árvore mínima.

Conforme a proposta de Kruskal devemos considerar as arestas que possuem o menor peso, desde que elas não formem ciclos, pois, se isso ocorresse, não teríamos uma árvore no final do processo.

Devemos inserir as arestas de menor peso na árvore gerada até que todos os vértices estejam conectados. Podemos descrever o funcionamento do algoritmo da seguinte forma:

Etapa 1: Inicialmente devemos gerar uma floresta F geradora do grafo G, em que cada vértice é uma árvore separada;
Etapa 2: Então criar um conjunto A que contenha todas as arestas do grafo;

Etapa 3: Verificar cada aresta do conjunto A e enquanto existirem elementos nele executar os seguintes passos:
Etapa 4: Remover a aresta com menor peso de A;
Etapa 5: Caso esta conecte duas árvores distintas, então deve-se inseri-las na floresta F, para isso combine as duas árvores em uma única;
Etapa 6: Caso contrário, deve descartar a aresta.

Ao término do algoritmo de Kruskal devemos ter uma floresta conexa que não contém nenhuma aresta externa à F, formando uma árvore geradora mínima do grafo.

Veremos a seguir um exemplo da aplicação do algoritmo de Kruskal para verificar seu processamento. Para isto temos uma lista com as arestas e seus pesos, a qual deve ser inicialmente ordenado em ordem crescente conforme seu peso.

Na tabela a seguir, já apresentaremos as arestas ordenadas conforme o algoritmo determina:

Aresta	Peso
CF	1
DG	1
EF	2
BC	3
BF	3
FG	5
AC	6
BE	8
CD	9

Em Kruskal devemos criar o grafo seguindo a ordem das arestas de menor peso, logo temos duas arestas com peso igual a 1, que é o menor. Devemos escolher uma e construir o grafo a partir dela. Vamos selecionar CF:

Aresta	Peso
CF	1
DG	1
EF	2
BC	3
BF	3
FG	5
AC	6
BE	8
CD	9

E iniciamos a criação do nosso grafo com a árvore geradora mínima:

Figura 6.29: Exemplo do algoritmo de Kruskal.

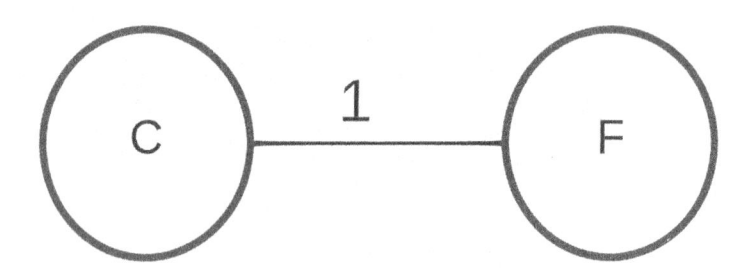

Fonte: Elaborada pelo autor.

Em seguida, devemos inserir no grafo a segunda aresta com menor peso, no caso DG com peso 1. Inicialmente obteremos um grafo desconexo, porém para o algoritmo de Kruskal isso é previsto.

Na nossa lista de arestas devemos identificar as arestas já trabalhadas, obtendo:

Aresta	Peso
CF	1
DG	1
EF	2
BC	3
BF	3
FG	5
AC	6
BE	8
CD	9

E inserimos o caminho no grafo:

Figura 6.30: Grafo desconexo obtido pelo algoritmo de Kruskal.

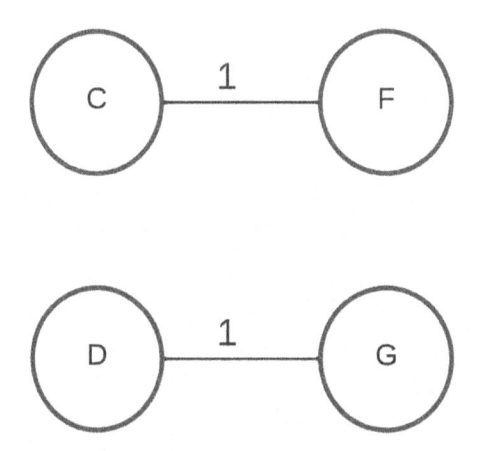

Fonte: Elaborada pelo autor.

A próxima aresta é EF, assim teremos uma conexão com o vértice F, atualizamos a lista de arestas:

Aresta	Peso
CF	1
DG	1
EF	2
BC	3
BF	3
FG	5
AC	6
BE	8
CD	9

E inserimos a conexão no grafo:

Figura 6.31: Inserindo a aresta EF.

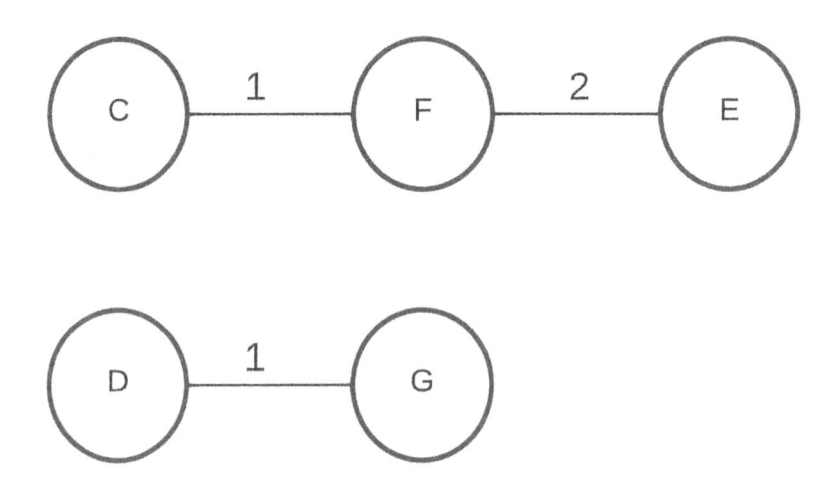

Fonte: Elaborada pelo autor.

Devemos realizar esse mesmo procedimento para as demais arestas, agora inserindo a aresta BC:

Aresta	Peso
CF	1
DG	1
EF	2
BC	3
BF	3
FG	5
AC	6
BE	8
CD	9

E obtendo o grafo:

Figura 6.32: Inserindo a aresta BC.

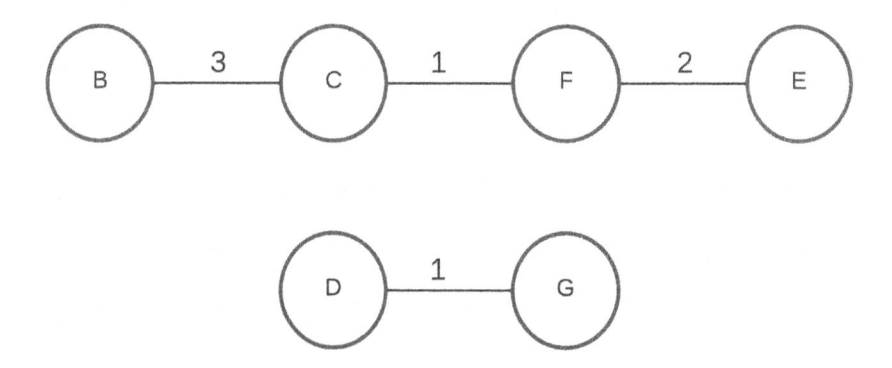

Fonte: Elaborada pelo autor.

Seguindo a lista, a próxima aresta é BF, porém nesse caso a funcionalidade do algoritmo vai ser diferente, pois conforme observaremos na próxima figura, essa aresta gera um ciclo, o que não pode ocorrer em uma árvore:

Figura 6.33: Inserindo a aresta BF e gerando um ciclo.

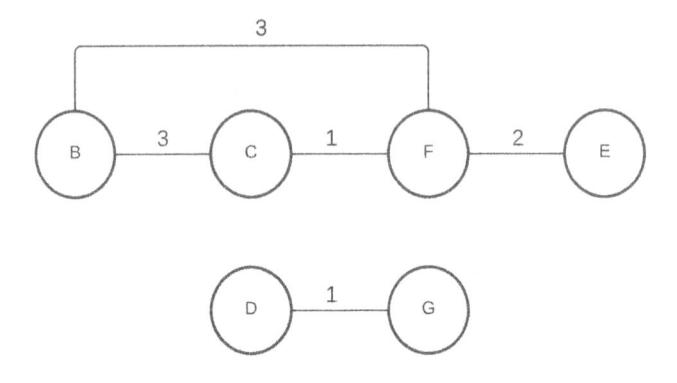

Fonte: Elaborada pelo autor.

Dessa forma, não podemos incluir a aresta BF na nossa árvore geradora mínima, não incluímos essa aresta na nossa tabela:

Aresta	Peso
CF	1
DG	1
EF	2
BC	3
~~BF~~	~~3~~
FG	5
AC	6
BE	8
CD	9

Passamos para a próxima aresta FG e damos continuidade ao procedimento:

Aresta	Peso
CF	1
DG	1
EF	2
BC	3
~~BF~~	~~3~~
FG	5
AC	6
BE	8
CD	9

Assim, obtemos a seguinte árvore geradora com as devidas arestas inseridas até o momento:

Figura 6.34: Inserindo a aresta FG.

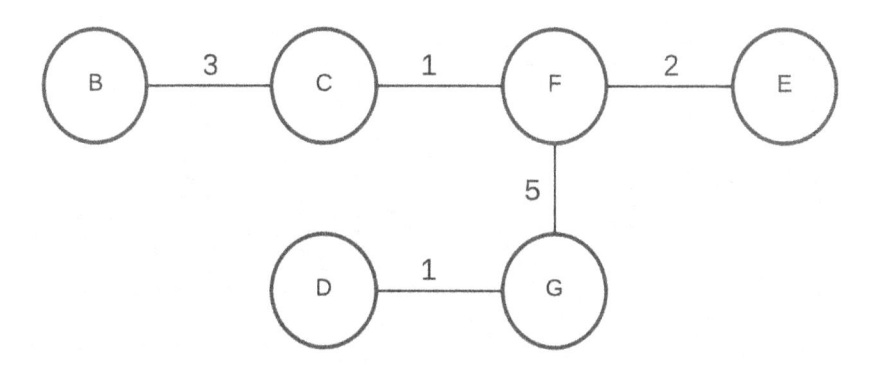

Fonte: Elaborada pelo autor.

A próxima aresta a ser verificada é a aresta AC, como o vértice A ainda não se encontra na nossa árvore, devemos inseri-la:

Aresta	Peso
CF	1
DG	1
EF	2
BC	3
~~BF~~	~~3~~
FG	5
AC	6
BE	8
CD	9

Figura 6.35: Inserindo a aresta AC e finalizando a árvore geradora mínima.

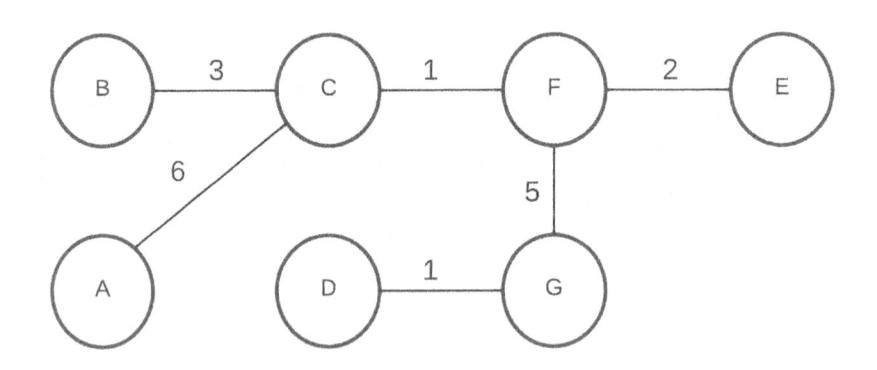

Fonte: Elaborada pelo autor.

Seguindo as demais arestas, BE e CD, seus vértices B, E, C e D já se encontram na nossa árvore mínima geradora, então não devemos inseri-los, além do fato de já existirem na árvore geradora indica que a inserção da aresta BE ou CD pode produzir um ciclo, e conforme vimos com o caso da aresta BF, isso não pode ocorrer em uma árvore.

Finalizamos o exemplo de aplicação do algoritmo de Kruskal, no caso obtido a árvore geradora mínima apresentada na Figura 6.35.

É importante ressaltar que a aplicação do algoritmo de Prim e de Kruskal em um mesmo grafo original não criará a mesma árvore geradora mínima, devido à forma com que ambos os algoritmos abordam o caso e vão inserindo os vértices ou arestas na árvore.

6.6 Conclusões

Os grafos possuem muitas propriedades e características que permitem ser trabalhados e integrados em diversas situações. Nesse sentido, o uso de grafos como árvores possibilita a realização de tarefas de forma mais rápida e eficiente.

Não somente pelo fato de as árvores serem conexas e sem ciclos, mas como meios de realizar buscas nos grafos, de gerar árvores de decisão, termo muito utilizado em aprendizado de máquina, e como meio de identificar caminhos mais curtos entre vértices.

Existem diversas possibilidades de uso das árvores geradoras mínimas, desde a área de redes de computadores com a definição das melhores formas de conectar os dispositivos de redes até em análises genéticas, identificando as proximidades entre os genes.

Apesar dos estudos e soluções propostas sobre como identificar o menor caminho já estarem consolidadas, muitos pesquisadores ainda verificam maneiras de otimizar essas soluções, buscando incorporar propriedades nos grafos que os tornem mais genéricos e com isso mais aplicáveis.

No próximo capítulo, veremos as técnicas para realizar busca em grafos para otimizar os resultados.

7. BUSCA EM GRAFOS

Conforme novos vértices e arestas vão sendo adicionados a um grafo, sua complexidade vai aumentando e com isso a necessidade de identificar novas técnicas e formas de percorrê-lo se tornam cada vez mais relevantes.

Muitas vezes é necessário procurar se um determinado vértice existe em um grafo, por exemplo, se temos um grafo no qual as cidades são os vértices e as rodovias e estradas que as conectam são as arestas, é preciso saber como percorrê-lo de forma otimizada para identificar se uma determinada cidade está inserida nele.

Dependendo do grafo e de suas conexões, ao percorrê-lo buscando um determinado vértice também se pode definir o menor caminho existente entre dois vértices no grafo, otimizando as formas de como caminhar nele.

Temos dois principais modos de percorrer um grafo: o de **Busca em Largura (BFS)**, no qual durante a busca por um determinado vértice os outros são vistos conforme os níveis deste; e de **Busca em Profundidade (DFS)**, no qual ao buscar um vértice específico, todos os outros de um ramo devem ser visitados antes de outros do mesmo nível.

A seguir, veremos os principais métodos existentes para realizar busca em um grafo e como aplicá-los.

7.1 Busca em Largura

Quando temos um grafo e desejamos realizar uma busca nele, um dos métodos mais fáceis existentes é o de Busca em Largura (*Breadth--First Search* – BFS). A proposta é simples de ser compreendida e aplicada. E sua nomenclatura de busca em largura também pode ser encontrada como busca em amplitude ou em extensão.

Esse nome é dado em virtude da forma como o grafo é percorrido a partir de um vértice inicial. A busca vai expandindo a abrangência da exploração de maneira uniforme, considerando a distância entre os vértices que estão sendo verificados com o inicial antes de aumentar a distância.

Inicialmente, percorre os vértices adjacentes ao inicial da busca antes de expandir a distância dos próximos a serem percorridos. Ou seja, nesse método, todos os vértices que distam m do inicial são descobertos antes de aumentar a distância em m+1.

Por exemplo, tendo um grafo G e um vértice inicial de origem da busca s, todas as arestas de G serão percorridas até identificar todos os vértices que são acessíveis a partir do inicial, isso até encontrar o de destino.

Conforme a busca avança, vai-se produzindo uma árvore cuja raiz é o vértice inicial de origem, e esta apresentará todos os vértices que estejam conectados diretamente com ele.

Uma busca em largura pode gerar diversas árvores conforme existam vértices que não são acessíveis pelos demais, porém a proposta principal da busca é identificar o caminho mais curto existente entre dois vértices, então dificilmente utiliza-se mais de uma árvore.

Conforme a busca percorre os vértices, estes são demarcados para indicar que já foram visitados. Um padrão de cores pode ser utilizado para facilitar a compreensão do funcionamento da busca e como o grafo pode ser percorrido. Para isso, utiliza-se três cores para os vértices:

- **Branca** – Para os vértices ainda não descobertos. Inicialmente todos os vértices possuem essa cor.
- **Cinza** – Para os vértices que representam a divisão entre os verificados dos não verificados.
- **Preta** – Cor dos vértices que já foram verificados e se encontram em um nível anterior, uma distância já percorrida.

Cada vértice pode armazenar, além da cor, a distância dele em relação ao vértice inicial, possibilitando encontrar o menor caminho e conseguindo apresentar possibilidades de como percorrer o grafo. Descreveremos as etapas do processo a seguir:

Etapa 1: Todos os vértices do grafo são coloridos de branco, então inicia-se o procedimento no vértice de origem O. Verificando quais são os adjacentes a ele e os armazenando na fila.

Etapa 2: A iteração acontece conforme a ordem com que os vértices foram sendo descobertos, coloridos com cinza, e inseridos na fila, ou seja, o primeiro vértice que entra é o primeiro caminho a ser escolhido para ser percorrido.

Etapa 3: Para cada vértice removido da fila, deve-se verificar quais são os adjacentes, ainda não foram descobertos e depois colori-los de cinza e inseri-los na fila.

Etapa 4: A finalização do algoritmo ocorre com êxito quando o vértice inicial de origem é escolhido para ser explorado, depois removido da fila. Nessa situação, todos os vértices foram verificados e explorados.

Para identificar qual o melhor caminho a ser seguido entre um ponto e outro é preciso saber como trabalhar com o grafo, quais técnicas existem e como utilizá-las adequadamente. Na sequência de figuras a seguir, veremos um exemplo de como realizar uma busca em largura:

Figura 7.1: Busca em largura.

Fonte: Elaborada pelo autor.

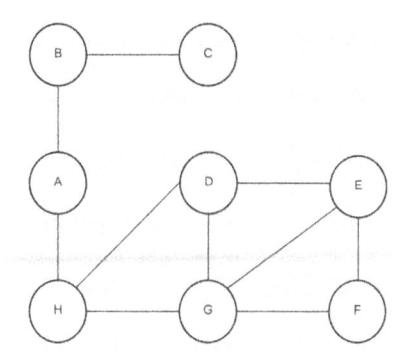

Começaremos no vértice A e depois iremos percorrer todos os demais. Inicialmente todos eles estão brancos. Agora, coloriremos o vértice inicial A com cinza.

A distância do vértice A até ele mesmo é zero, então vamos armazenar essa informação nele, para isso representaremos a distância sendo mostrada ao lado do vértice:

Figura 7.2: Iniciando a busca pelo vértice A:

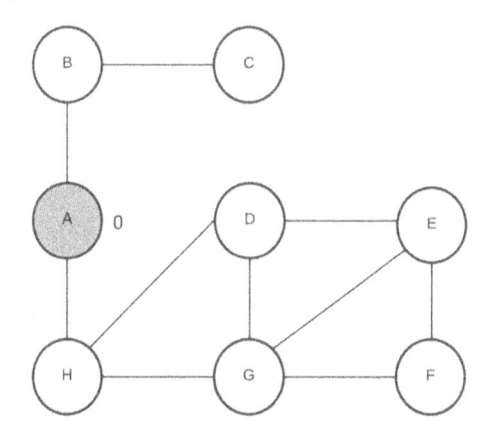

Fonte: Elaborada pelo autor.

Do vértice inicial A temos os adjacentes B e H, podemos identificar que a distância entre eles e o A é de 1. Registramos essa informação e colorimos o vértice A com preto, indicando que já foi visitado e identificamos quais são seus vértices adjacentes, os quais iremos colorir de cinza:

Figura 7.3: Descobrindo os vértices B e H.

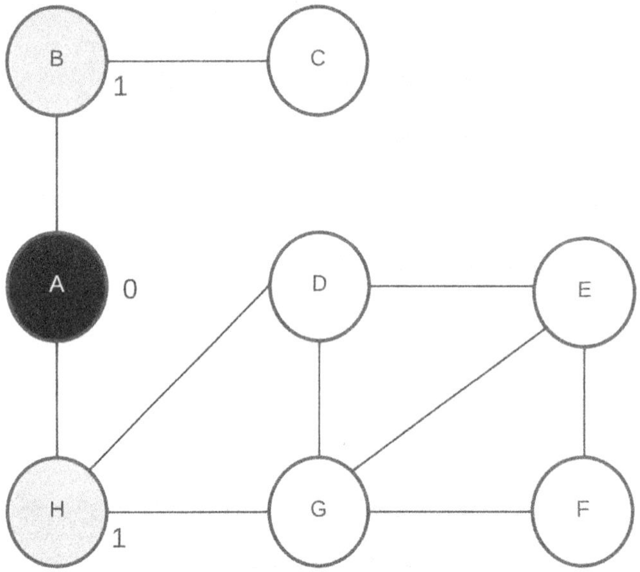

Fonte: Elaborada pelo autor.

Agora temos duas opções de caminhos a percorrer: seguindo pelo vértice B ou indo pelo H. Vamos continuar percorrendo pelo H, o qual visualmente apresenta mais vértices conectados. Então, colorimos H de preto e identificamos seus vértices adjacentes, os quais possuem a distância 2 até o vértice A, para depois colori-los de cinza:

Figura 7.4: Explorando o vértice H.

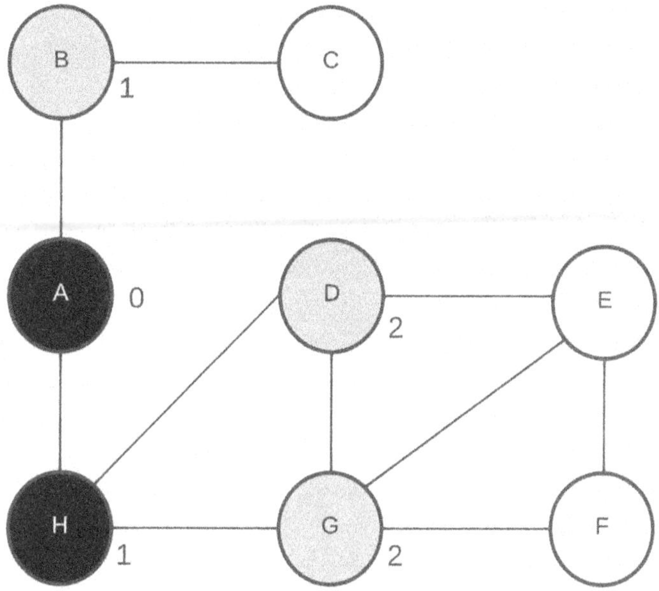

Fonte: Elaborada pelo autor.

Nesse ponto, a busca em largura precisa percorrer todos os demais vértices adjacentes de A antes de continuar por D ou G. Empregando as cores para indicar se todos os vértices adjacentes já foram visitados e explorados, e estão em preto.

No exemplo, o vértice B se encontra cinza, logo ele foi descoberto, porém não explorado. Devemos continuar a busca por ele colorindo-o com preto e seus vértices adjacentes com cinza, os quais também devemos indicar a distância 2 do inicial A:

Figura 7.5: Explorando o vértice B.

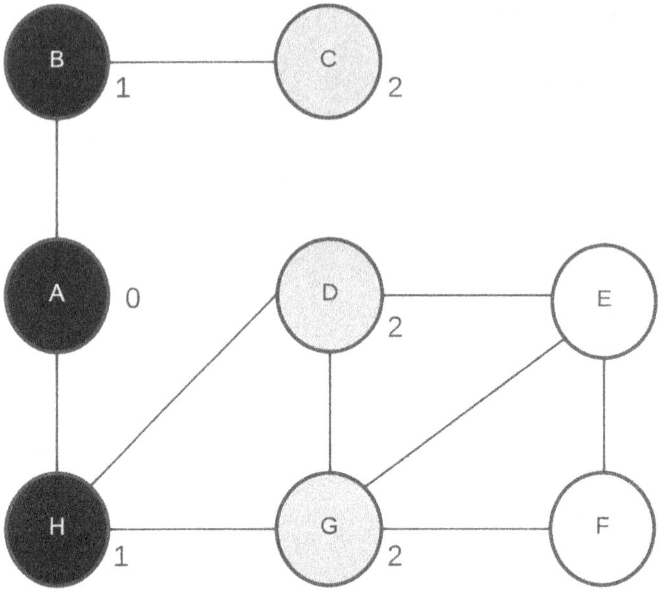

Fonte: Elaborada pelo autor.

Repare pela imagem da figura anterior que todos os vértices com distância 1 foram descobertos e explorados e que todos com distância 2 foram somente descobertos.

Agora começamos a explorar os vértices que já descobrimos, no caso o C, D e G. Seguiremos pelo D, identificamos seus adjacentes com cinza e colorimos D de preto.

Os vértices adjacentes de D são o E e o G. O vértice G já se encontra cinza, pois já tinha sido descoberto, consequentemente não faremos nada com ele. Já o E está branco, indicando que não o tinha sido descoberto ainda, nesse caso colorimos ele com cinza e registramos que sua distância até o A é 3:

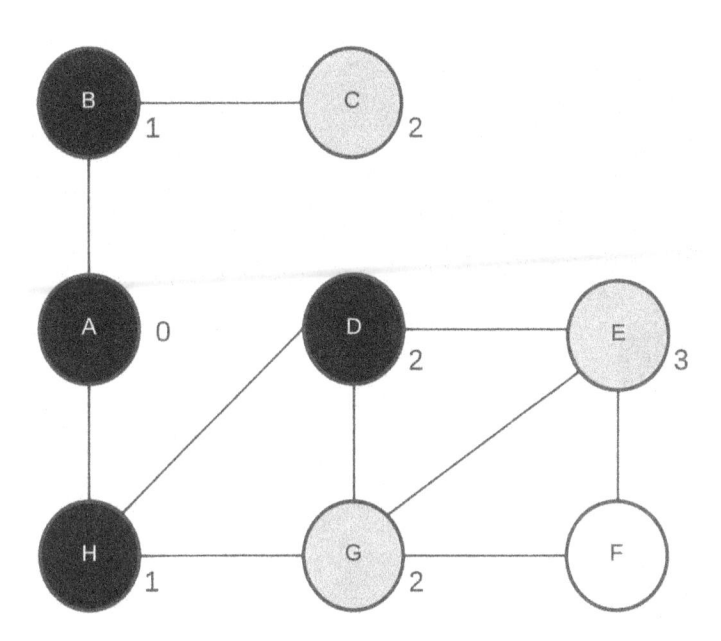

Figura 7.6: Verificando o vértice D

Fonte: Elaborada pelo autor.

Verificamos agora o vértice G, inicialmente o colorimos de preto, indicando que está explorado e depois verificamos quais são seus adjacentes, no caso o E e o F. Como o vértice E se encontra em cinza, já foi descoberto, logo não faremos nada, já com F, que está em branco, colorimos ele de cinza indicando sua descoberta e registramos a distância de 3 até o vértice inicial:

Figura 7.7: Verificando o vértice G.

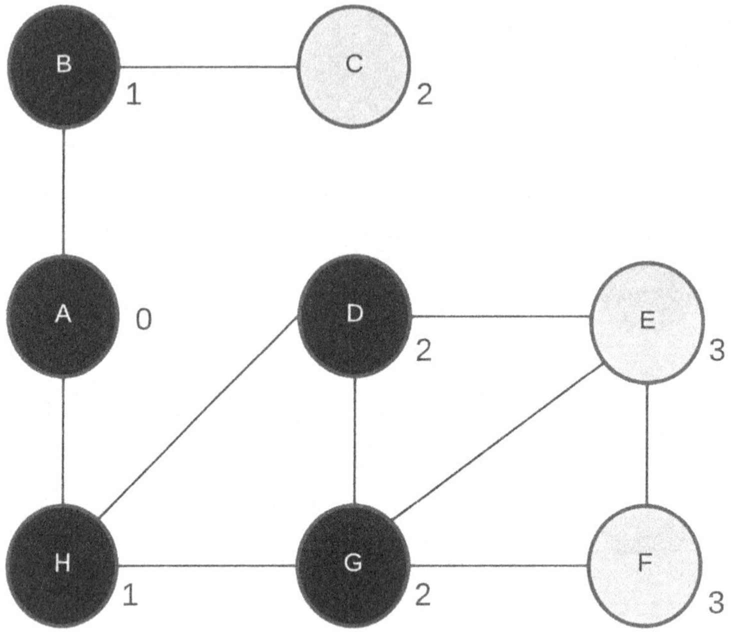

Fonte: Elaborada pelo autor.

Agora verificamos os demais vértices com distância 2 de A e que se encontram cinza, indicando que não foram explorados ainda. No exemplo, temos somente o vértice C. Devemos explorá-lo agora, para isso mudamos sua cor para preto e descobrimos os vértices adjacentes a ele.

No caso do vértice C, este não possui vértices adjacentes além do B, que já se encontra explorado e demarcado com preto. Nesse caso, apenas colorimos o vértice C com preto:

Figura 7.8: Verificando o vértice C

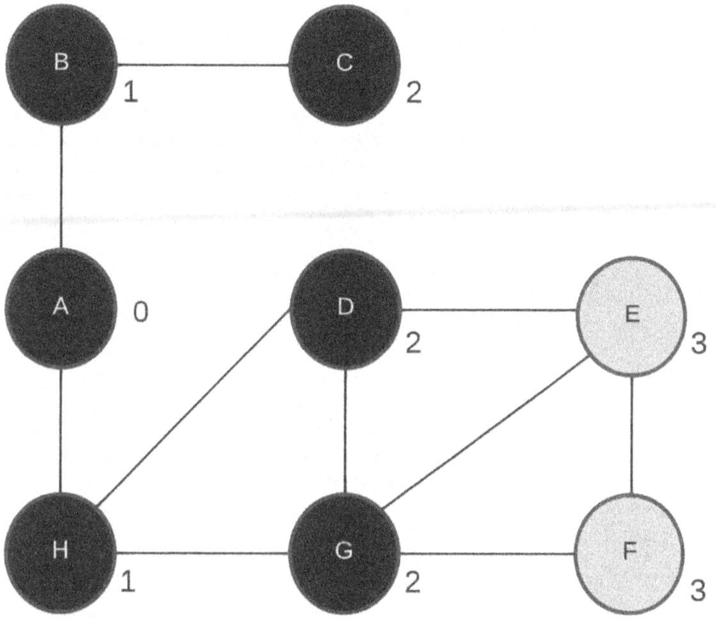

Fonte: Elaborada pelo autor.

Continuando com a busca em largura, finalizamos a exploração dos vértices com distância 2, então começaremos a explorar aqueles com distância 3. Iniciamos com o E, verificamos que já não há nenhum adjacente com branco, todos já estão ou pretos (D e G) ou cinza (F), indicando que já foram descobertos. Então, somente mudamos sua cor para preto:

Figura 7.9: Verificando o vértice E

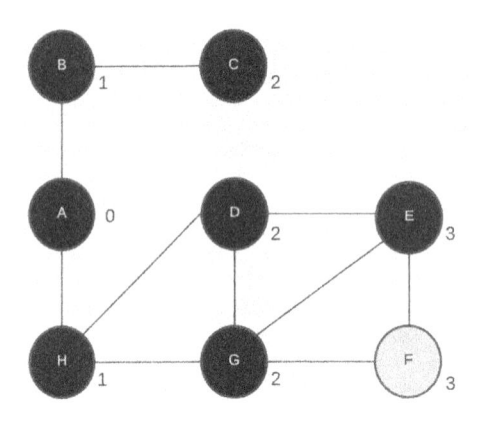

Fonte: Elaborada pelo autor.

Fazemos o mesmo com o vértice F, o qual todos os adjacentes já se encontram em preto, logo mudamos somente a cor dele:

Figura 7.10: Verificando o vértice F

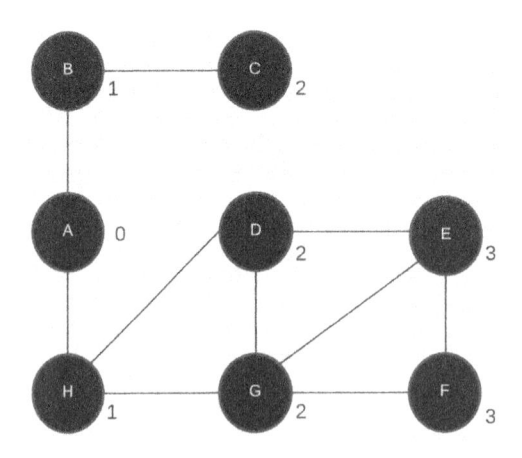

Fonte: Elaborada pelo autor.

Dessa maneira, verificamos que todos os vértices do grafo se encontram em preto, ou seja, foram descobertos e explorados. Assim, finalizamos a busca em largura nesse grafo, mapeando todos os caminhos e distâncias existentes a partir do vértice A.

Como resultado, podemos identificar a proposta de funcionamento de um algoritmo de busca em profundidade, no caso trabalhando com uma fila que armazene cada vértice encontrado no grafo, conforme ele for percorrido.

7.2 Busca em Profundidade

A premissa da busca em profundidade (do inglês Depth-First Search – DFS) é iniciar-se pelo vértice P, o mais profundo do grafo. Nesse caso, as arestas devem ser percorridas iniciando do vértice que foi descoberto por último e que possua arestas ainda não descobertas acessíveis por ele.

Após percorrer e descobrir todas as arestas que partem de P, então a busca deve ocorrer novamente percorrendo todas as adjacentes do vértice anterior à descoberta de P.

Esse método pode resultar na geração de várias árvores, sendo um fator relevante a quantidade de origens nas quais a busca será reiniciada. Similar à busca em largura, nesse método os vértices também são marcados com cores, indicando se já foram descobertos e explorados. Enquanto a busca em largura explora os vértices adjacentes da vizinhança, na busca em profundidade ocorre o contrário, começa pelo vértice mais profundo indo sempre em direção ao mais distante da origem.

Nessa busca as arestas devem ser exploradas partindo do vértice que foi descoberto mais recentemente e que apresenta vértices adjacentes ainda não descobertos. Assim que todos os vértices forem descobertos, então começa a retornar ao de origem, explorando os que ainda não foram descobertos.

Isso continua até que todos os vértices do grafo, acessíveis a partir do de origem, sejam descobertos. Caso exista algum não descoberto, ou seja, que não se conecta com o vértice de origem, então um novo vértice de origem deve ser definido e o processo repetido, até que todos sejam descobertos e explorados.

Um diferencial entre esse método e o apresentado na seção anterior é que nesse existem diversas origens para a busca, enquanto o anterior considera-se apenas um vértice de origem.

Normalmente, a busca em largura é utilizada para encontrar caminhos mais curtos entre dois vértices, considerando um deles como origem e outro como destino. Já na busca em profundidade, cada vértice deve ser inicialmente branco. Quando descoberto ser colorido de cinza e somente quando a sua lista for toda descoberta, o vértice deve ser colorido de preto.

Dessa forma, consegue-se garantir que todos os vértices tenham sido explorados e assim todo o grafo seja percorrido.

Para uma melhor compreensão do processo de busca em profundidade analisaremos a aplicação dele sobre o grafo orientado a seguir.

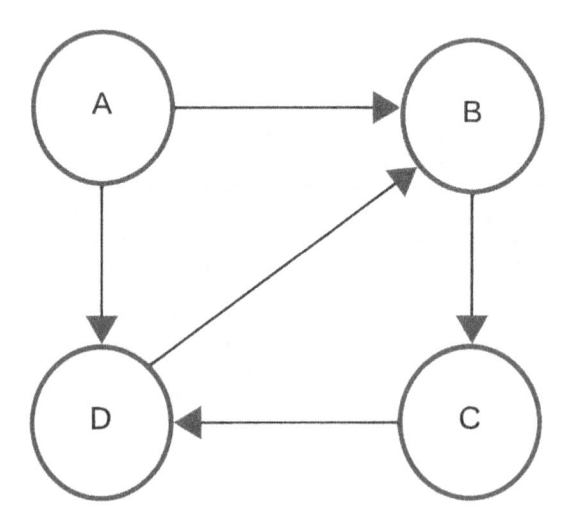

Figura 7.11: Grafo para busca em profundidade

Fonte: Elaborada pelo autor.

Iniciaremos o processo considerando o vértice inicial A. Assim sendo, ele é descoberto e colorido de cinza, também deve ser registrado no vértice a contagem de tempo, indicando quanto tempo foi gasto até chegar nele. Por exemplo, o vértice A, que é inicial à busca, tem como tempo inicial 1, junto a demarcação do tempo de descoberta temos também ao lado o de finalização, o qual indica que a busca terminou naquele vértice. Esse segundo registro temporal ocorre quando todos os vértices adjacentes a outro já foram descobertos, então é registrado qual foi o tempo e colorido de preto.

Registramos esses dois tempos por meio de uma barra invertida:

Tempo da descoberta / tempo da finalização

Figura 7.12: Iniciando a busca em profundidade a partir do vértice A

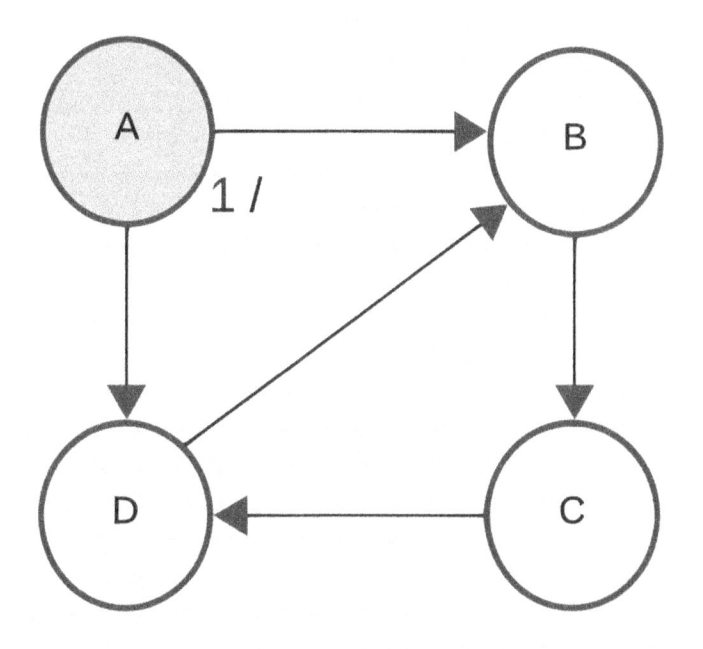

Fonte: Elaborada pelo autor.

Do vértice A tenho como adjacência dois vértices que são alcançáveis, conforme a orientação. Logo, só posso ir ao B ou D, dessa forma vamos continuar pelo B. Como já foi descoberto, colorimos ele de cinza e registramos o tempo da descoberta como 2.

Figura 7.13: Verificando no vértice B.

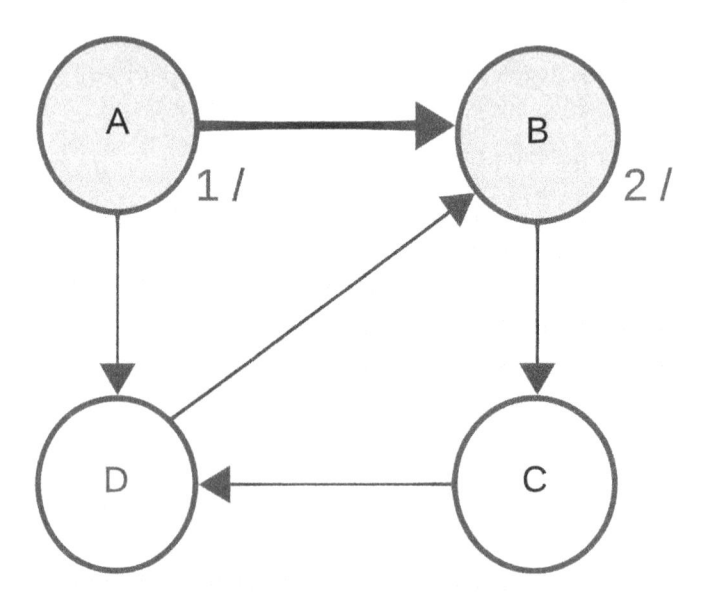

Fonte: Elaborada pelo autor.

Agora, a partir desse ponto a única opção é continuar para C, assim descobrimos, colorimos ele de cinza e registramos o tempo da descoberta como 3.

Figura 7.14: Verificando no vértice C.

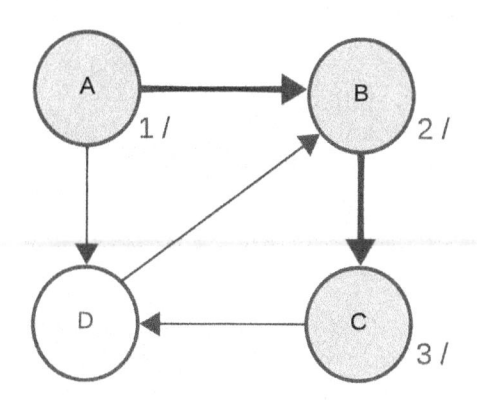

Fonte: Elaborada pelo autor.

Da mesma forma que no vértice B, do C só temos como opção ir ao D, então descobrimos, colorimos ele de cinza e registramos o tempo da descoberta como 4:

Figura 7.15: Verificando no vértice D.

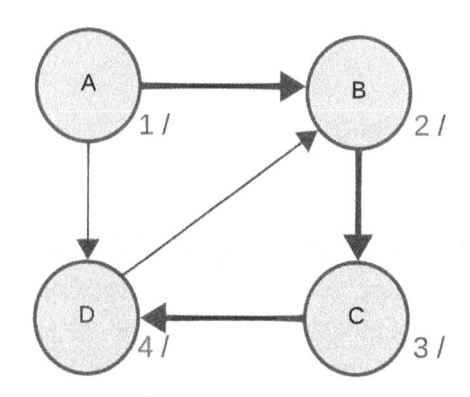

Fonte: Elaborada pelo autor.

Do vértice D temos como adjacência alcançável o B, porém este já foi descoberto, pois está cinza. Dessa forma, não temos um caminho a seguir a partir do D. Devemos desconsiderar a aresta DB e demarcá-la indicando que ela não será utilizada, pois o vértice para o qual ela se encaminha já foi visto:

Figura 7.16: Demarcando a aresta DB.

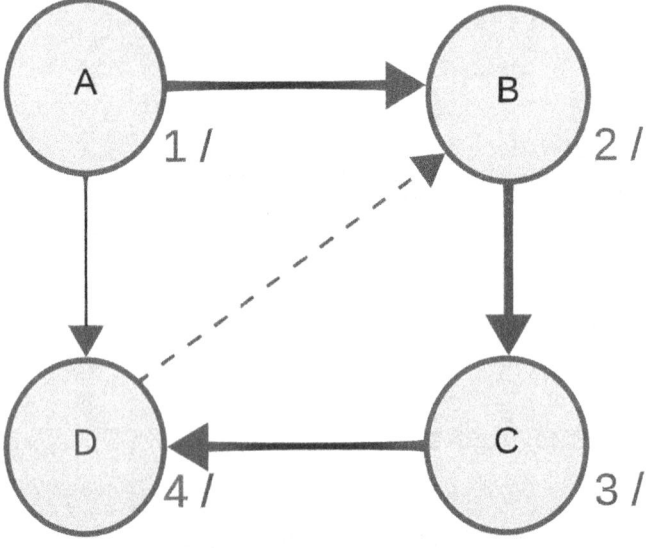

Fonte: Elaborada pelo autor.

Nesse ponto, todos os vértices foram descobertos e se encontram coloridos de cinza, agora temos o ponto mais profundo do grafo que teve como tempo de descoberta 4. Como todos os adjacentes a ele já foram descobertos, vamos registrar o tempo da finalização como 5 e colori-lo de preto:

Figura 7.17: Finalizando no vértice D.

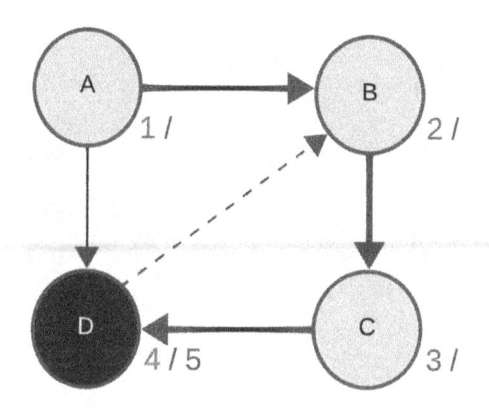

Fonte: Elaborada pelo autor.

Agora começamos a percorrer o caminho inverso. No caso colorimos o vértice C de preto e registramos o tempo da finalização como 6:

Figura 7.18: Grafo para busca em profundidade

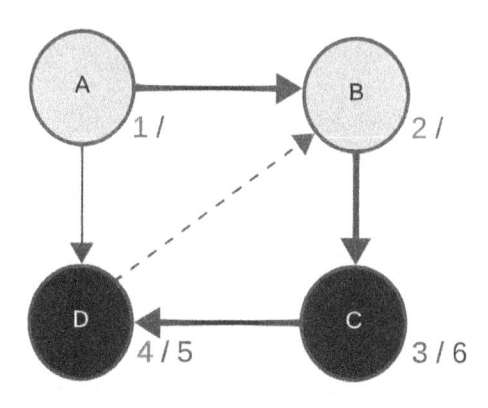

Fonte: Elaborada pelo autor.

Voltamos ao B em que temos como tempo de finalização 7:

Figura 7.19: Grafo para busca em profundidade

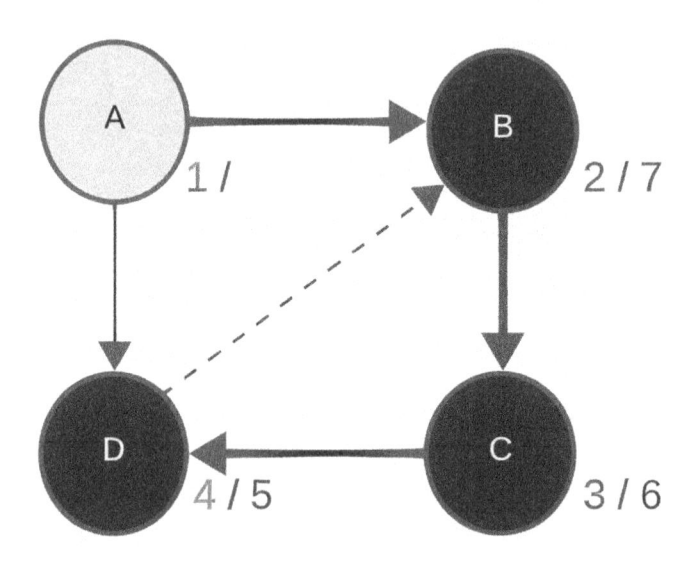

[Figura: grafo com vértices A (1/), B (2/7), C (3/6), D (4/5), com arestas A→B, A→D, B→C, C→D, e aresta tracejada D⇢B]

Fonte: Elaborada pelo autor.

Chegando ao vértice A fazemos a verificação da adjacência dele, em que constatamos que todos os adjacentes já foram ou descobertos ou explorados. No caso do vértice D, como ele já foi explorado podemos descartar a aresta AD e devemos demarcá-la, indicando que ela não é necessária para a busca de profundidade, assim obtendo:

Figura 7.20: Grafo para busca em profundidade

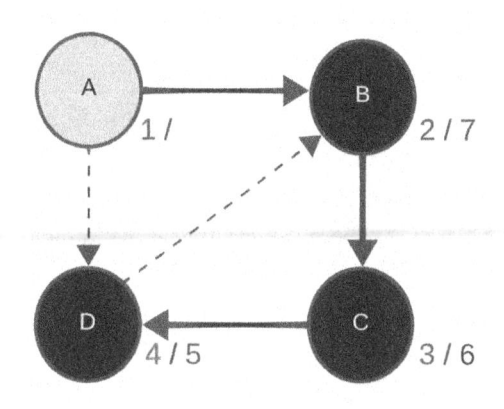

Fonte: Elaborada pelo autor.

Agora com todos os vértices percorridos e arestas vistas e descartadas, registramos o tempo da finalização para o vértice A como 7, além de colori-lo de preto:

Figura 7.21: Grafo para busca em profundidade

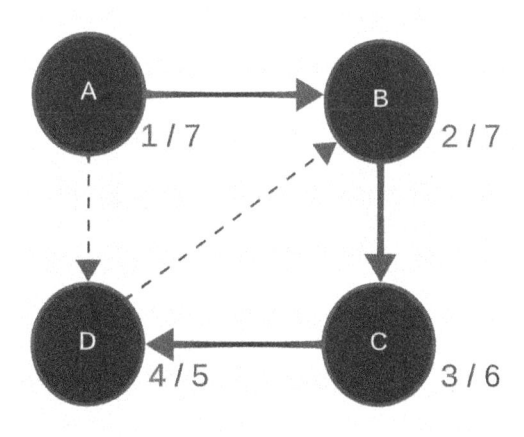

Fonte: Elaborada pelo autor.

Dessa maneira, conseguimos percorrer todo o grafo por meio da busca de profundidade indicando o tempo da descoberta e o da finalização, elementos importantes para conseguir identificar quais são os caminhos mais curtos nesse grafo.

7.3 Algoritmo de Dijkstra

Em 1956, Edsger Wybe Dijkstra apresentou um algoritmo que solucionasse o problema do menor caminho em grafos, identificando o caminho com menor peso que conectasse dois vértices entre si.

O problema do menor caminho consiste em identificar, em um grafo ponderado, a menor rota existente entre dois vértices, sendo o peso representado pela distância, tempo ou custo. Para isso, o caminho mínimo deve ser o resultante do que gere a menor somatória dos pesos entre os vértices de origem e destino.

Em sua proposta, o algoritmo percorre o grafo a partir de um vértice considerado raiz, extraindo uma estrutura de árvore que resultasse em somente um caminho para cada vértice destino. A forma de selecionar qual caminho seguir seria considerando os caminhos com menor custo.

Dijkstra teve duas motivações principais para elaborar o algoritmo, a primeira devido à necessidade de encontrar uma aplicação que fosse utilizada na demonstração pública do segundo computador automático ARMAC, que se encontrava em fabricação. Para isso, o cientista sugeriu a necessidade de encontrar o caminho mínimo existente entre duas cidades que se encontrassem em um mapa simplificado da malha ferroviária da Holanda.

Já a segunda motivação foi devido ao pedido para identificar como diminuir a quantidade de cabos existentes no painel de um computador, conforme apresentado em seu projeto. Nesse caso, identifica-se que também é possível utilizar o algoritmo de Dijkstra em grafos não ponderados, considerando que o menor caminho é o que visite o menor número de vértices possível.

Ambos os problemas derivam de abstrações em grafos ponderados, nos quais deve-se identificar qual o caminho com menor custo existente entre dois vértices diferentes existentes e conectados neles.

O resultado dessas motivações foi que em 1959 Dijkstra publicou o artigo *A note on two problems in connexion with graphs*, da área de otimização combinatória. O artigo aborda os dois problemas de conexão em grafos, no qual o primeiro é conhecido como o problema da árvore geradora mínima e o segundo como o problema de caminhos mínimos, em que o programa apresentava o menor caminho existente entre dois pontos em um grafo. Esse programa que foi utilizado pelo computador ARMAC ficou conhecido como algoritmo de Dijkstra.

Por meio da solução do algoritmo proposto pelo cientista, para cada vértice pertencente ao grafo é apresentado o caminho mínimo entre um de origem e um de destino. Permitindo que uma pessoa possa selecionar qual caminho deve ser seguido.

A importância da solução apresentada por Dijkstra é sua viabilidade, em especial enfrentamos a necessidade de descobrir o menor caminho em um grafo muito complexo, com dezenas de vértices e arestas. Nesse contexto, percorrer todo o grafo para identificar o melhor caminho é inviável, pois o custo e tempo gasto são muito grandes. No algoritmo de Dijkstra essa problemática é considerada, permitindo sua aplicação tanto em grafos simples quanto complexos.

Podemos descrever o funcionamento do algoritmo da seguinte forma: inicialmente temos uma árvore que possui apenas o vértice de origem O, e a cada iteração um novo é adicionado à árvore inserindo o aquele cujo caminho possui o menor peso. Ao final do processo, obteremos uma árvore de caminho mínimo.

O algoritmo possui dois atributos para cada vértice, o p[v] e w[v], em que p[v] apresenta o vértice predecessor de v e w[v] armazena o peso do caminho do vértice de origem até o v. Todos os vértices do grafo são armazenados em uma estrutura de fila Q.

O primeiro passo para executar o algoritmo é definir qual é o vértice de origem e qual o vértice de destino, então devemos seguir as seguintes etapas:

Etapa 1: Todos os vértices do grafo são coloridos de branco, indicando que não foram visitados;

Etapa 2: Coloca-se o peso para cada vértice, sendo que o de origem do caminho possui peso 0, já que não apresenta distância ou custo a ser percorrido para chegar nele e todos os demais devem apresentar inicialmente um símbolo que indique que o custo ainda não foi visto. O símbolo pode ser o infinito ou, como no exemplo a seguir, um hífen.

Etapa 3: Para todos os vértices informar qual é o predecessor. Nesse momento, todos os predecessores devem ser deixados em branco;

Etapa 4: O vértice atual de análise deve ser o de origem, então deve-se executar o seguinte:

Registrar o peso (distância) do vértice de origem a todos os vértices adjacentes não visitados. Esse peso $w(v)$ é a soma do custo de chegar até o predecessor somado com o peso para chegar até o vértice atual. Se existir um peso diferente de infinito, então deve ser considerado o menor, ou o que já existia ou o novo recém-calculado;

Se o peso atual for menor, então deve-se mudar o vértice predecessor do adjacente para o atual.

Etapa 5: Deve-se registrar que o vértice atual foi visitado, para isso marcando e colorindo-o com cinza;

Etapa 6: Deve selecionar um novo vértice ainda não visitado para ser o atual, então retornar até a etapa 4 e repetir os procedimentos até que todos os vértices estejam cinzas, sendo então visitados.

Como exemplo do algoritmo de Dijkstra, vamos considerar o grafo a seguir, o qual queremos ir do vértice de origem A até o de destino E:

Figura 7.22: Exemplo do algoritmo de Dijkstra.

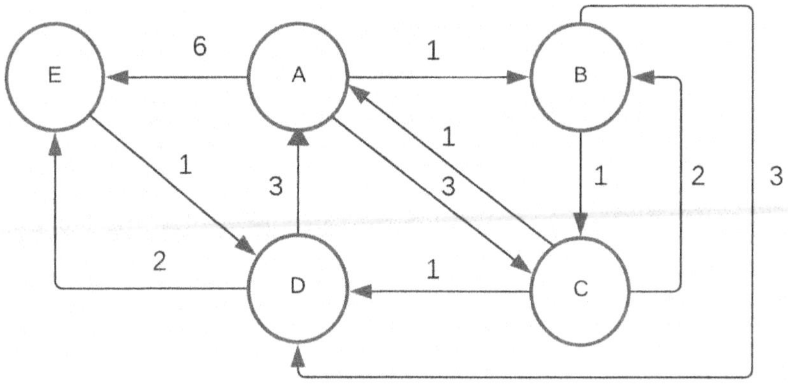

Fonte: Elaborada pelo autor.

Do grafo podemos obter a matriz de peso dele, para isso examina-se o peso existente entre as arestas que conectam cada vértice, considera-se 0 quando o vértice de origem é igual ao de destino, ou seja, a diagonal da matriz armazenará zeros. Quando um vértice de origem não possui caminho até outro vértice, será armazenado com –. Dessa forma, obtemos:

	A	B	C	D	E
A	0	1	3	–	6
B	–	0	1	3	–
C	1	2	0	1	–
D	3	–	–	0	2
E	–	–	–	1	0

Nesse exemplo, queremos encontrar o menor caminho partindo do vértice de origem A até chegar ao de destino E. Logo, o nosso ponto de partida é A. Conforme o algoritmo, devemos registrar o peso para cada vértice e qual é o seu vértice predecessor, ou também chamado de pai.

Iniciamos nosso registro da seguinte forma:

Vértice v	A	B	C	D	E
w(v)	0	∞	∞	∞	∞
p(v)					

Iniciamos por A, então peso igual a zero e sem vértice predecessor:

Vértice v	A	B	C	D	E
w(v)	0	∞	∞	∞	∞
p(v)					

Identificamos que o vértice A está sendo verificado e colorimos ele com cinza:

Figura 7.23: Iniciando o algoritmo pelo vértice A.

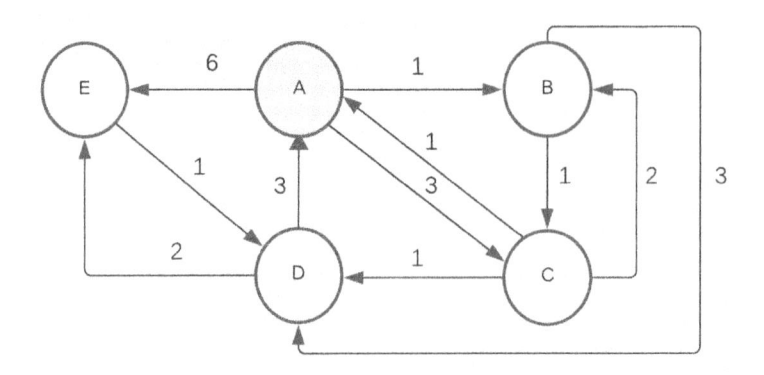

Fonte: Elaborada pelo autor.

Do vértice A devemos percorrer seus adjacentes, no caso temos B, C e E. Vamos seguir a ordem de inserção, iniciando pelo B. O peso entre o vértice A e o B é de 1, registramos na tabela e registramos qual é o predecessor, no caso o A:

Vértice v	A	B	C	D	E
w(v)	0	1	∞	∞	∞
p(v)		A			

Devemos fazer esse procedimento para todos os adjacentes, agora para o vértice C:

Vértice v	A	B	C	D	E
w(v)	0	1	3	∞	∞
p(v)		A	A		

Finalizando com o vértice E:

Vértice v	A	B	C	D	E
w(v)	0	1	3	∞	6
p(v)		A	A		A

Logo, temos a tabela finalizada para os vértices adjacentes de A:

Vértice v	A	B	C	D	E
w(v)	0	1	3	∞	6
p(v)		A	A		A

Vamos identificar na tabela a análise dos vértices adjacentes de A, tornando sua cor mais escura:

Vértice v	A	B	C	D	E
w(v)	0	1	3	∞	6
p(v)		A	A		A

Agora devemos continuar considerando o vértice de menor peso que temos na tabela, no caso o vértice B, cujo peso é 1. Registramos a seleção colorindo B de cinza e indicando que iremos seguir por esse caminho denotando a aresta AB:

Figura 7.24: Partindo para o vértice B.

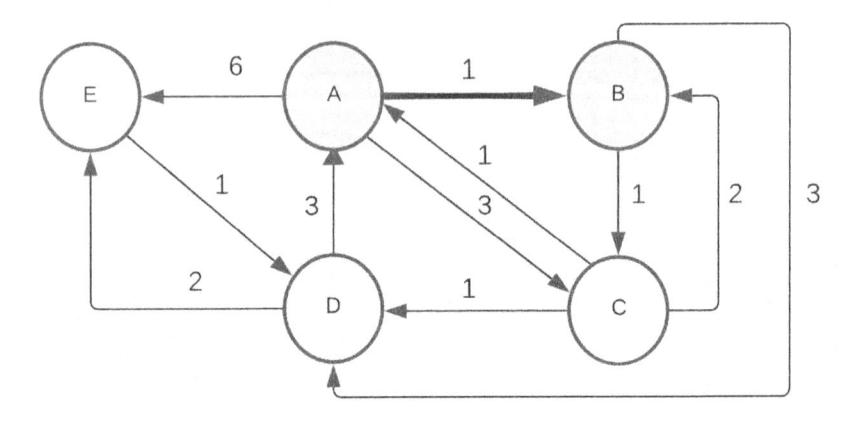

Fonte: Elaborada pelo autor.

Dando continuidade, temos então:

Vértice v	A	B	C	D	E
w(v)	0	1	3	∞	6
p(v)		A	A		A

O vértice B possui apenas o C como adjacente, então alteramos C indicando a soma dos pesos considerando o valor do anterior somado com o peso entre o B para o C, no caso 1 + 1 = 2, também devemos registrar o vértice pai:

Vértice v	A	B	C	D	E
w(v)	0	1	2	∞	6
p(v)		A	B		A

O vértice B também possui como adjacente o D, realizamos o mesmo procedimento, no caso o peso será: 1 + 3 = 4 e o vértice pai será o B:

Vértice v	A	B	C	D	E
w(v)	0	1	2	4	6
p(v)		A	B	B	A

Finalizamos o algoritmo com o vértice B, registramos na tabela colorindo com um tom mais escuro:

Vértice v	A	B	C	D	E
w(v)	0	1	2	4	6
p(v)		A	B	B	A

Seguindo o critério de caminhar pela aresta com menor peso a partir de B, então continuamos indo por C, o qual colorimos com um cinza mais escuro:

Vértice v	A	B	C	D	E
w(v)	0	1	2	4	6
p(v)		A	B	B	A

Colorimos o vértice C no grafo e indicamos a aresta de escolha, no caso a BC:

Figura 7.25 Percorrendo pelo vértice C.

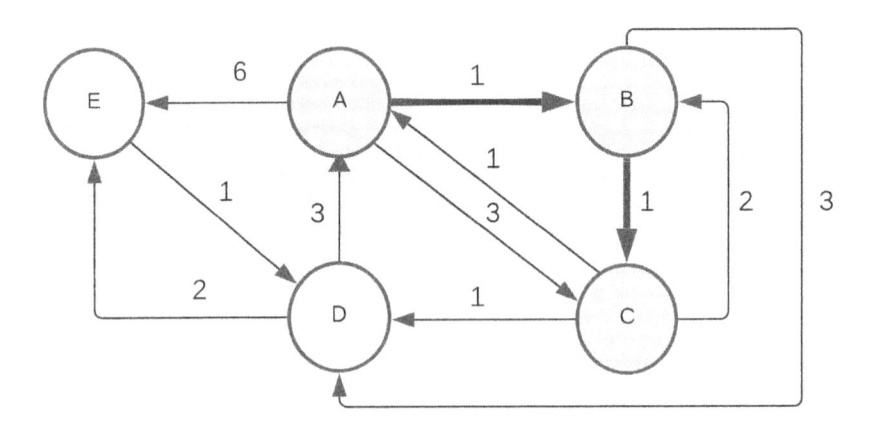

Fonte: Elaborada pelo autor.

O vértice C possui A e D como adjacentes, seguiremos por D, registramos o seu peso, no caso o resultante da soma dos pesos até o momento, como C já possui o valor 2, então este é somado com o novo peso que é 1, obtendo: 2 + 1 = 3:

Vértice v	A	B	C	D	E
w(v)	0	1	2	3	6
p(v)		A	B	C	A

O outro vértice adjacente de C é o A, nesse caso não fazemos nada, pois fecha um ciclo saindo de A e retornando até o vértice A. Desse modo, devemos continuar pela aresta CD, analisando D:

Vértice v	A	B	C	D	E
w(v)	0	1	2	3	6
p(v)		A	B	C	A

Indicamos no grafo, colorindo o vértice D de cinza e demarcando a aresta CD:

Figura 7.26: Continuando pelo vértice D.

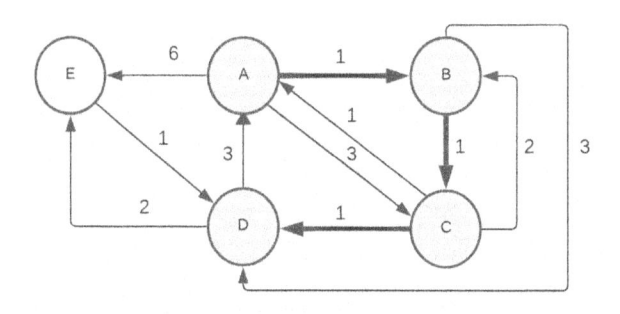

Fonte: Elaborada pelo autor.

A aresta D possui dois vértices adjacentes, A e E. Conforme explicamos, não devemos seguir pelo A, então o caminho deve continuar pelo E. Registramos o peso desse caminho, que no caso é a soma do valor atual do peso de D, 3, com o valor do peso da aresta DE, que é 2, obtendo: 3 + 2 = 5:

Vértice v	A	B	C	D	E
w(v)	0	1	2	3	5
p(v)		A	B	C	D

Como percorremos todos os vértices adjacentes de D e encontramos o vértice de destino E, destacamos isso colorindo de cinza-escuro a tabela:

Vértice v	A	B	C	D	E
w(v)	0	1	2	3	5
p(v)		A	B	C	D

E indicando no grafo a aresta DE e colorindo de cinza o vértice E:

Figura 7.27: Finalizando o algoritmo no vértice E.

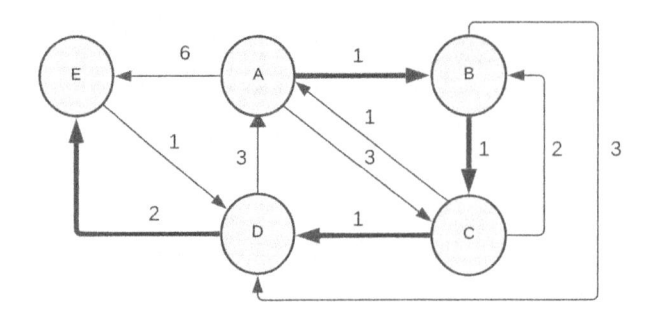

Fonte: Elaborada pelo autor.

Dessa forma, obtemos o caminho de menor custo entre o vértice de origem A e o de destino E.

Com a versatilidade de modelar um problema em grafos ponderados, as possibilidades de uso do algoritmo de Dijkstra são inúmeras, desde os casos já mencionados, como identificar qual o menor caminho entre duas cidades até o uso em redes de computadores.

7.4 Algoritmo de Bellman-Ford

O algoritmo de Dijkstra é bem eficiente em encontrar o menor caminho, porém existem determinadas situações em que não é adequado, entre elas temos o caso em que um dos pesos das arestas é negativo. Uma solução para essa questão foi apresentada em 1955 por Alfonso Shimbel. Posteriormente, outros pesquisadores propuseram a mesma implementação: Lester Ford, em 1956, e Richard Bellman, em 1958. Assim, o algoritmo ficou conhecido como Algoritmo de Bellman-Ford. O mesmo algoritmo também foi proposto por Edward F. Moore, em vista disso, podemos chamar de algoritmo Bellman-Ford-Moore.

Para conseguir atender à necessidade da aresta com peso negativo, a proposta desse algoritmo implementa uma modificação no de Dijkstra, verificando todos os vértices de um grafo orientado enquanto conseguir realizar atualizações.

Similarmente ao algoritmo de Dijkstra, o Bellman-Ford implementa uma aproximação somando os pesos desde a origem até cada vértice descoberto, em que esse valor é atualizado por novos valores e caminhos até obter a solução ideal para o problema.

Quando não ocorrerem mais atualizações, então o algoritmo finalizou sua tarefa e o resultado foi encontrado. Um fator relevante é que a quantidade de vezes que um vértice é verificado pode ser determinado pelo seguinte: considerando um grafo com n vértices, logo cada um deles pode ser verificado até no máximo n − 1 vezes.

Nem sempre teremos um caminho entre um vértice e outro em um grafo, para atuar nesses casos o algoritmo de Bellman-Ford retorna um valor booleano para indicar essas situações.

Supondo que não seja possível encontrar o caminho devido a um laço negativo existente no grafo, teremos como resposta que não existe solução, caso não exista nenhum laço, então teremos como resposta o menor caminho.

Podemos descrever o funcionamento do algoritmo de Bellman-Ford da seguinte maneira, considerando como entrada um grafo ponderado:

Etapa 1: Inicializar todos os vértices do grafo, sendo que, se o vértice for a origem da busca, então registrar que a soma total do caminho é zero; caso contrário, marcar a soma do caminho com o símbolo de infinito e deixar em branco todos os vértices predecessores.

Etapa 2: Para cada vértice adjacente, considerar a aresta existente e realizar o seguinte procedimento: verificar se a soma entre o caminho da origem até o vértice atual é menor do que a soma dos pesos registrada no atual. Caso seja, substituir o valor do peso e alterar o vértice predecessor para que indique o atual.

Etapa 3: Verifica-se para cada aresta do grafo se ocorrem ciclos com peso negativo. Para isso, deve verificar se o valor estimado entre o vértice atual e o de destino é maior do que a soma do valor entre o de origem e o atual, acrescido do peso do vértice atual. Caso esta condição for verdadeira, existe um ciclo com peso negativo.

A seguir, veremos um exemplo do algoritmo de Bellman-Ford para ilustrar o seu funcionamento.

Figura 7.28: Exemplo do Algoritmo de Bellman-Ford.

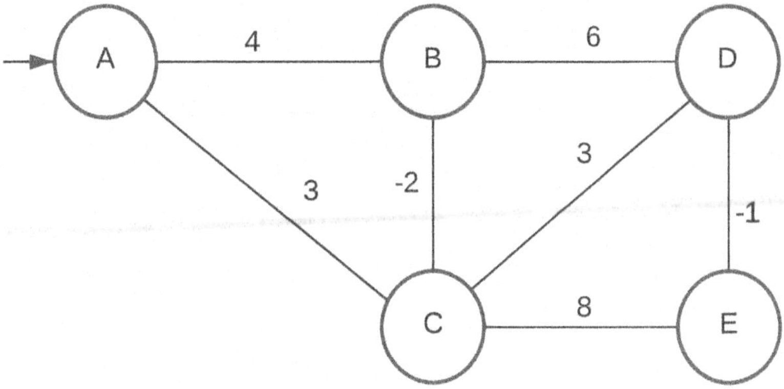

Fonte: Elaborada pelo autor.

Nesse grafo, vamos inicializar a tabela com os pesos (w) e vértices de origem (p), nesse caso o peso para o de origem A é zero e para os demais colocamos o símbolo de infinito, e deixamos que o predecessor fique em branco inicialmente.

Vértice v	A	B	C	D	E
w(v)	0	∞	∞	∞	∞
p(v)					

Devemos percorrer esse grafo por essas sequências de arestas conforme forem sendo vistas a partir de A, assim teremos a seguinte sequência: DE – BD – AC – BC – AB – CD – CE.

Da aresta DE não tem registro passado, ou seja, ainda não possui caminho conectando de A até E, dessa forma não fazemos nada.

O mesmo acontece de BD, não tendo registro de A até essa aresta, então não registramos nada na tabela.

Já na aresta AC, temos o vértice inicial A, cujo o peso indo de A até o C é 2, registramos na tabela, assim como o vértice predecessor sendo o A:

Vértice v	A	B	C	D	E
w(v)	0	∞	3	∞	∞
p(v)			A		

A próxima aresta a ser considerada é a aresta BC, que possui como peso o valor negativo −2, neste caso não fazemos nada indo para a próxima aresta.

Agora vamos para a aresta AB, em que o peso é 5 e o predecessor é A, então registramos na tabela:

Vértice v	A	B	C	D	E
w(v)	0	4	3	∞	∞
p(v)		A	A		

Em CD temos que o peso w(D) que é a soma resultante do peso do vértice A até C e de C até o D, assim sendo 3 + 3 = 6, logo registramos 6 e colocamos como predecessor para D o vértice C:

Vértice v	A	B	C	D	E
w(v)	0	4	3	6	∞
p(v)		A	A	C	

Indo de C para E temos como peso 8, realizamos o mesmo procedimento registrando como peso 10 e predecessor o C:

Vértice v	A	B	C	D	E
w(v)	0	4	3	6	10
p(v)		A	A	C	C

Percorremos uma vez o grafo, agora devemos percorrê-lo novamente conforme a ordem das arestas a serem visitadas. Nesse caso, devemos seguir novamente a sequência: DE – BD – AC – BC – AB – CD – CE.

Anteriormente não tínhamos informação em DE, porém agora temos peso 10 e predecessor C. A aresta DE possui peso – 1, e é possível chegar ao vértice E se seguir a sequência do de origem AC – CD – DE, resultando no peso: 3 + 3 + (–1) = 5. Registramos esse peso e o vértice D como predecessor de E:

Vértice v	A	B	C	D	E
w(v)	0	4	3	6	5
p(v)		A	A	C	D

Seguindo a ordem, temos BD, nesse caso não mudamos nada na tabela. Em seguida, é a aresta AC, a qual também ocorre a mesma coisa.

Já na aresta BC, temos um caminho melhor entre o vértice A e o C. Tínhamos registrado como predecessor o próprio A com peso 3, porém temos caminho do A para o B e em seguida para o C, resultando em: 4 + (–2) = 2, ou seja, peso menor, então registramos em C o peso 2 e como predecessor o vértice B:

Vértice v	A	B	C	D	E
w(v)	0	4	2	6	5
p(v)		A	B	C	D

Para a aresta AB não faremos nada, já para a aresta CD temos um novo caminho com menor peso: AB – BC – CD que resulta em: 4 + (–2) + 3 = 5, então registramos o peso de 5 mantendo o vértice predecessor C:

Vértice v	A	B	C	D	E
w(v)	0	4	2	5	5
p(v)		A	B	C	D

Chegamos novamente no final da sequência na aresta CE, em que não precisamos fazer nada.

Podemos executar o algoritmo mais vezes e a tabela não será modificada, dessa forma obtemos o resultado com os melhores caminhos partindo do vértice A. Por exemplo, se queremos alcançar E, o melhor caminho é mostrado na figura a seguir:

Figura 7.29: Algoritmo de Bellman-Ford entre o vértice A e o E.

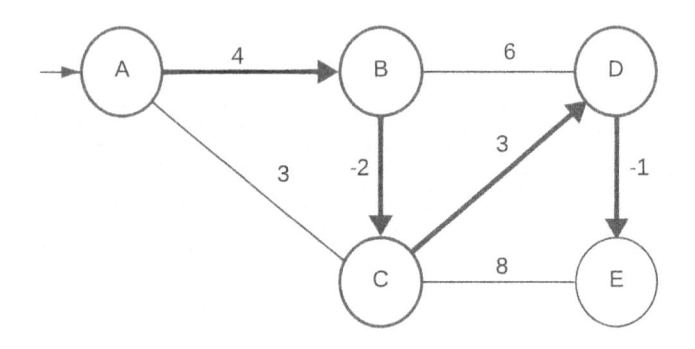

Fonte: Elaborada pelo autor.

Podemos representar também uma situação em que o algoritmo de Bellman-Ford não consegue encontrar um caminho. Vamos considerar o grafo a seguir:

Figura 7.30: Algoritmo de Bellman-Ford sem resposta.

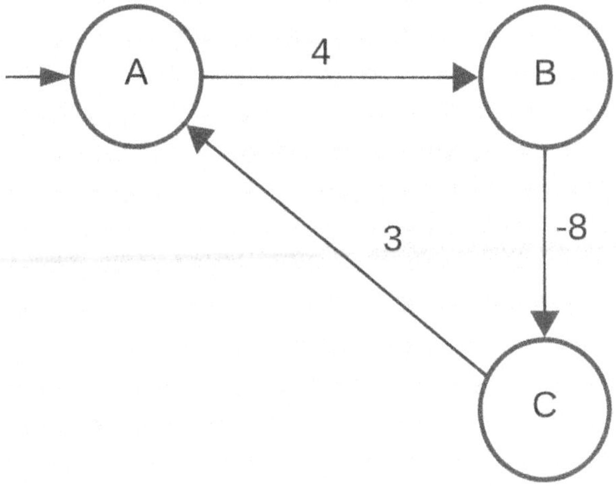

Fonte: Elaborada pelo autor.

Nesse grafo, vamos utilizar a sequência de arestas: BC – CA – AB. Desse modo, iniciamos a tabela com os seguintes valores:

Vértice v	A	B	C
w(v)	0	∞	∞
p(v)			

Analisando BC podemos notar que ainda não temos informações, então vamos para a próxima aresta que é CA, nesta temos peso 4 e predecessor A, assim, registramos na tabela:

Vértice v	A	B	C
w(v)	0	4	∞
p(v)		A	

Quando executamos o algoritmo de novo, iniciando em BC temos o caminho agora conhecido: AB – BC cujo peso é: 4 + (–8) = –4, registramos o peso e o predecessor como B:

Vértice v	A	B	C
w(v)	0	4	–4
p(v)		A	B

Quando vamos para a próxima aresta CA, agora temos a sequência AB – BC – CA como melhor caminho, com os pesos: 4 + (–8) + 3 = –1.

Registramos o peso e o predecessor:

Vértice v	A	B	C
w(v)	–1	4	–4
p(v)	C	A	B

Podemos executar o algoritmo mais vezes e a tabela não será alterada, chegamos aos valores finais. Nesse aspecto, chegamos a um resultado ruim, pois o algoritmo irá verificar se o peso de todos os vértices é maior do que o peso obtido pelo caminho. Se isso ocorrer, então o resultado é falso. No caso do vértice A, o peso inicial é zero, pois ele chega com esse peso até ele, porém na tabela final temos o valor de –1, não apresentando um resultado satisfatório.

Dentre as possibilidades de emprego do algoritmo de Bellman-Ford, podemos mencionar o uso em redes de computadores, o qual muitas vezes é preciso identificar a distância de um determinado dispositivo para os demais existentes na topologia de rede.

7.5 Algoritmo A*

Uma variação do algoritmo de Dijkstra é o Algoritmo A*, também conhecido como A-Star ou A estrela. Ele atende os casos em que é preciso identificar o menor caminho considerando uma combinação entre os pesos dos vértices com os das arestas.

Esse algoritmo foi apresentado em 1968 por Peter Hart, Nils Nilsson e Bertram Raphael do Stanford Research Institute, com a finalidade de identificar o caminho que deveria ser percorrido pelo robô Shakey em uma sala com obstáculos. O algoritmo A* também pode ser utilizado para determinar o menor caminho existente em um grafo partindo de um vértice de origem até um outro de destino.

Esse algoritmo vai descobrindo cada vértice e expandindo o adjacente mais interessante para se alcançar o objetivo. A operabilidade é similar ao do algoritmo de Dijkstra, em que o vértice que possui o menor peso para ser alcançado é escolhido como novo caminho a ser seguido.

Para realizar a seleção de qual aresta seguir, o algoritmo A* utiliza-se de uma função de avaliação representada por:

$$F(v) = G(v) + H(v)$$

Em que $F(v)$ representa a função de avaliação, $G(v)$ é o valor total do caminho desde o vértice de origem até o atual v, por fim, $H(v)$ representa o valor estimado do vértice n até o de destino.

Nesse algoritmo também se utiliza cores para identificar quais vértices já foram descobertos e explorados, temos os seguintes estados dos vértices e suas cores:
- **Branco**: todos os vértices são inicialmente coloridos de branco;
- **Cinza**: vértices descobertos, porém nem todos os adjacentes foram descobertos e explorados;
- **Preto**: vértices explorados em que todos os adjacentes já foram descobertos.

7.6 Algoritmo de busca uniforme

Uma extensão do algoritmo de busca em largura é o de busca uniforme. Este realiza uma busca visando obter o caminho mais otimizado, avaliando todas as opções existentes até finalizar o procedimento com o melhor caminho.

A busca uniforme ocorre de maneira similar à busca em largura, enquanto a em largura vai expandindo os vértices adjacentes ao atual antes de ir ao próximo nível até chegar ao final da exploração do grafo, na uniforme a diferença ocorre na seleção de qual vértice adjacente escolher para continuar a busca. Em vez de escolher o primeiro vértice adjacente que se encontra na fila aguardando para ser explorado, considera-se o vértice que apresente o menor peso.

Essa modificação faz com que a primeira solução obtida seja a do menor caminho. A única restrição é que o valor total do caminho nunca deve diminuir conforme a busca for ocorrendo.

Podemos representá-la com:

w (sucessor) > = w (N)

Em que w (sucessor) é o vértice a ser explorado e w (N) é a soma do peso conhecido entre o vértice de origem e o atual.

7.7 Conclusões

Podemos encontrar desde grafos simples até os mais complexos, sendo formados por dezenas de milhares de vértices conectados entre si. Uma das principais finalidades de um grafo é encontrar o caminho que é alcançável entre um vértice de origem e outro de destino.

Existem algumas formas que permitem percorrer e encontrar o menor caminho existente em um grafo, variando tanto na forma com que caminham pelo grafo quanto no desempenho ao realizar essa tarefa.

Neste capítulo vimos as principais buscas em grafos, sendo a busca em largura e a em profundidade os principais meios de se descobrir os vértices e explorá-los.

Nesse ponto é imprescindível definir qual a melhor estratégia para percorrer o grafo. Caso tenhamos somente um vértice de origem e queremos identificar o menor caminho para outro, utilizamos a busca em largura, caso contrário adotamos a em profundidade.

Tendo como base essas duas metodologias, existem soluções implementadas em alguns algoritmos, como o algoritmo de Dijkstra, de Bellman-Ford ou A*. Cada um com suas características e indicações de grafos bem definidas para serem empregadas.

Estes são pontos que devem ser estudados antes de realizar a busca: qual o tipo de problema que temos modelado em grafos e qual algoritmo melhor atenderá a esta situação? Desse modo, é possível direcionar de forma adequada a solução ideal para cada caso.

No próximo capítulo, veremos sobre fluxo em redes, desde a sua aplicabilidade até as melhores possibilidades de uso.

8. FLUXO EM REDES

Lester Randolph Ford Jr. e Delbert Ray Fulkerson pesquisaram e estudaram sobre a teoria de fluxos em redes durante a década de 1950, publicando diversos artigos que tratavam do assunto. Em suma, podemos definir como uma rede como um grafo dirigido que não tenha nenhum laço e que possua exatamente uma raiz, e o fluxo se refere ao transporte de algo entre os diferentes pontos existentes nessa rede.

Como forma de explorar o fluxo em redes, temos diversas situações em que utilizamos esse tipo de modelagem para tratar de problemas, por exemplo, nas redes elétricas, nos sistemas de transporte seja rodoviário ou ferroviário entre outros. São diversas situações em que é preciso explorar uma rede e identificar quais caminhos seguir.

8.1 Emparelhamento

O emparelhamento foi muito estudado considerando grafos bipartidos. A sua compreensão é importante por auxiliar nos indicativos que os estudiosos utilizaram para conseguir chegar na formulação do problema do fluxo máximo.

Isto posto, temos a seguinte definição: o emparelhamento ocorre em grafos não orientados que possuem um conjunto A de arestas, as quais apresentam a seguinte propriedade:

Sendo o grafo G, todo vértice dele incide em no máximo uma aresta de A, portanto, não podemos encontrar laços em um emparelhamento. Na figura a seguir, encontramos um emparelhamento perfeito, em que temos os conjuntos de arestas:

{(AC, BD)}
E
{(BC)}

Figura 8.1: Emparelhamento.

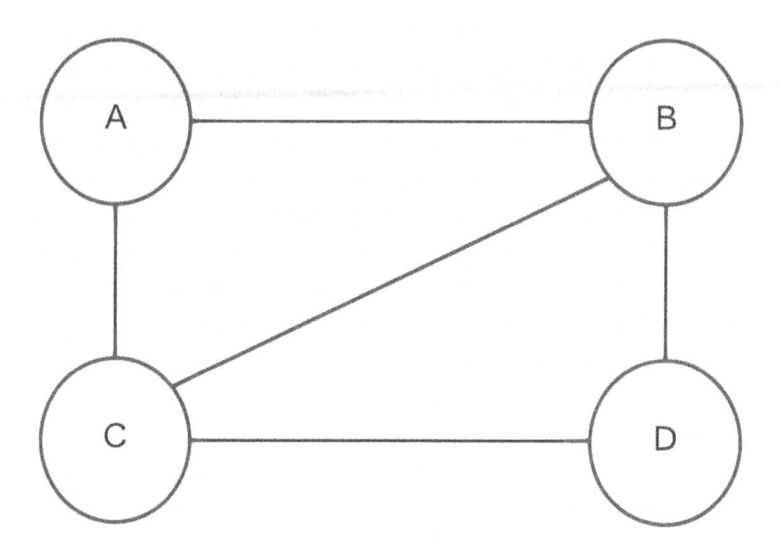

Fonte: Elaborada pelo autor.

Dessa forma, um emparelhamento se refere a um conjunto de arestas que não são adjacentes entre si, incidindo em vértices diferentes. Quando temos um vértice que é incidente em uma aresta do emparelhamento, então ele se encontra coberto pelo emparelhamento.

Nos casos em que todos os vértices de um grafo são abrangidos pelo emparelhamento, estamos diante de um emparelhamento perfeito. Este é um emparelhamento máximo e ocorre quando todos os vértices do grafo estão conectados a alguma aresta dele.

O emparelhamento é denominado maximal quando não existe um emparelhamento M0 que contenha M e que não exista nenhum outro M' que possua um maior número de arestas do que M. Dessa forma, temos:

|M| > |M'|

Na figura a seguir, veremos um exemplo do emparelhamento maximal denotado pelas arestas em negrito. Isso ocorre nos casos em que nenhuma outra aresta do grafo pode ser inserida sem que infrinja a propriedade de não adjacência entre as arestas.

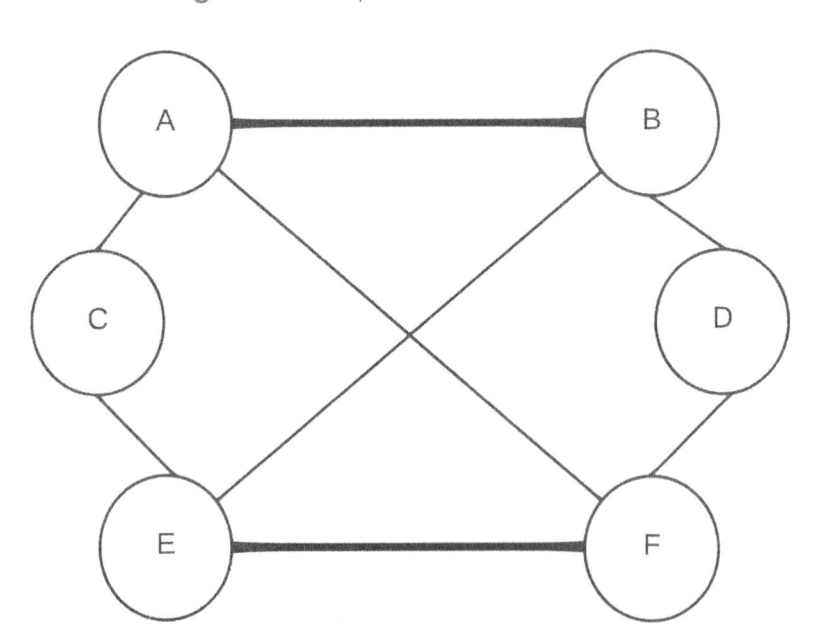

Figura 8.2: Emparelhamento maximal.

Fonte: Elaborada pelo autor.

A seguir, temos um emparelhamento perfeito, que ocorre quando todo vértice do grafo é conectado com a aresta:

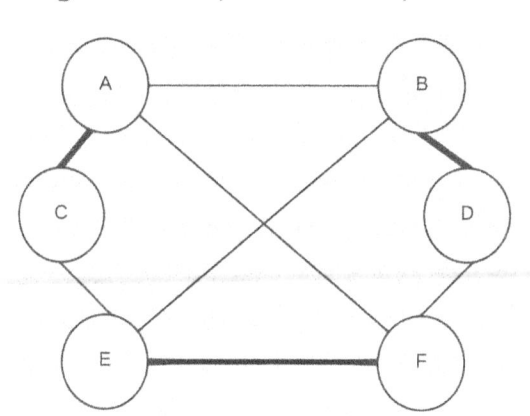

Figura 8.3: Emparelhamento perfeito.

Fonte: Elaborada pelo autor.

O grafo apresentado na figura anterior apresenta um emparelhamento perfeito, porém o mesmo não é um emparelhamento máximo, para que isso ocorra é preciso que ele contenha o maior número possível de arestas pertencentes ao grafo. Na figura a seguir, apresentamos um emparelhamento máximo:

Figura 8.4: Emparelhamento máximo.

Fonte: Elaborada pelo autor.

Para identificar se um emparelhamento é maximal podemos utilizar o estudo de caminhos específicos, no qual sendo M um emparelhamento qualquer, então um caminho M-aumentador é um caminho no grafo G em que, sendo duas arestas consecutivas de G, uma pertence a M e a outra não.

Nesse caso, se o primeiro e o último vértice de um caminho M-aumentador não forem cobertos por M, então existe um caminho M-aumentador. Para que um emparelhamento M de um grafo G seja máximo, não deve existir em G um caminho M-aumentável.

Ou seja, para identificar um caminho M-aumentador em G que possua um emparelhamento M precisamos identificar um caminho no grafo que conecte dois vértices não cobertos por M e que alterne entre vértices e arestas pertencentes à G. A seguir, veremos um exemplo que faz com que o emparelhamento não seja máximo:

Considerando o grafo apresentado na Figura 8.2 podemos considerar o caminho M-aumentador como o trajeto que parte do vértice C, atravessa a aresta AC depois vai para o B, percorre a aresta AB então se encaminha para o B, e dirige-se à aresta BD e finaliza no vértice D, conforme demonstrado pelas linhas tracejadas na figura a seguir:

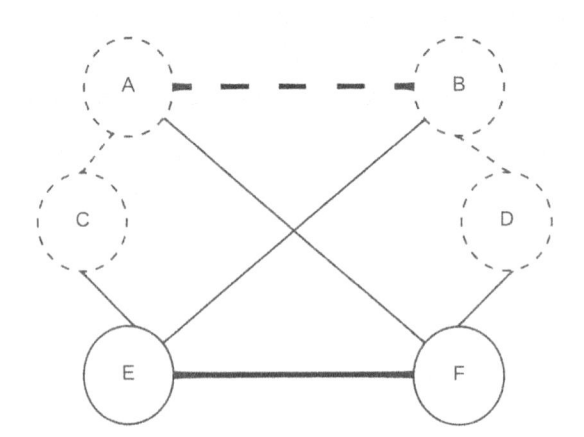

Figura 8.5: Exemplo de caminho M-aumentador.

Fonte: Elaborada pelo autor.

Somente teremos um emparelhamento máximo M de um grafo G se não existir um caminho M-aumentador.

8.2 Fluxo em redes

Considerando a situação em que temos um grafo orientado e ponderado e queremos identificar qual o melhor caminho a ser seguido para transportar algo a partir de um determinado vértice até outro, então temos um problema de fluxo em redes.

Vamos ilustrar o problema por meio do grafo constante na figura a seguir:

Figura 8.6: Exemplo de fluxo em redes.

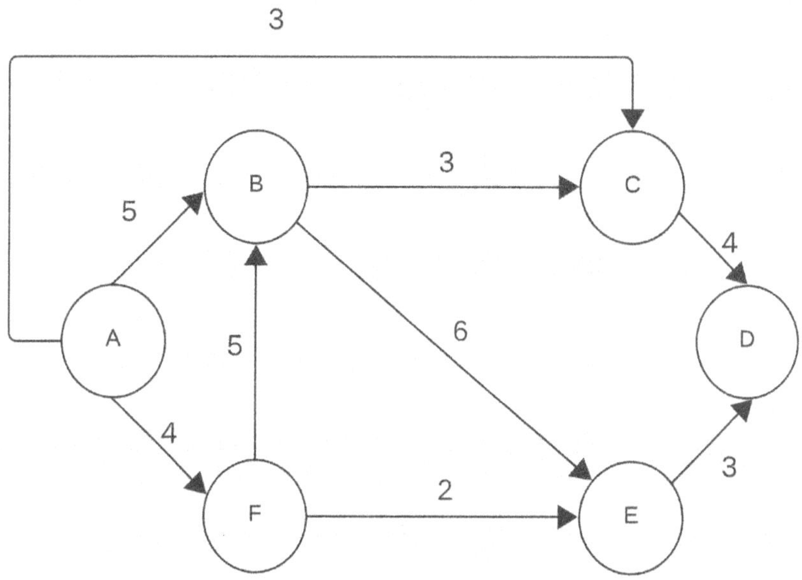

Fonte: Elaborada pelo autor.

Nesse exemplo, queremos sair do A e chegar ao D com os pesos do caminho maximizados. Para isso devemos definir o que é o fluxo que iremos tratar no conceito de fluxo em redes.

Fluxo é a taxa com que o elemento é transportado no grafo. Ou seja, devemos calcular o transporte de nosso elemento através do grafo considerando a conservação do fluxo, em que temos a taxa de entrada igual a de saída quando o elemento percorre os vértices sem acumulação.

Além disso, cada aresta possui um peso, uma capacidade de transportar um elemento diferente. Esse peso pode ser comparado com diâmetros de um encanamento quando estamos transportando água. Então quanto maior for o diâmetro, maior a quantidade levada, já em diâmetros menores, menor a quantidade.

A esse problema chamamos de Problema do Fluxo Máximo, o qual trata da identificação da maior taxa possível existente no grafo com que o elemento pode ser encaminhado da origem ao destino, respeitando as restrições de capacidade e conservação do trajeto.

8.3 Problema do Fluxo Máximo

O problema do fluxo máximo deve considerar não somente os pesos existentes em cada aresta, mas também a capacidade efetiva existente em cada uma delas. Por exemplo, no grafo da figura anterior podemos ter capacidades diferentes das existentes nele, sendo essas representativas do fluxo real.

A representação do fluxo real (y) e da capacidade (x) ocorre nas arestas, em que a notação x, y representa os valores para cada conexão do grafo. Na figura a seguir, veremos o fluxo real de cada aresta:

Figura 8.7: Exemplo de fluxo em redes.

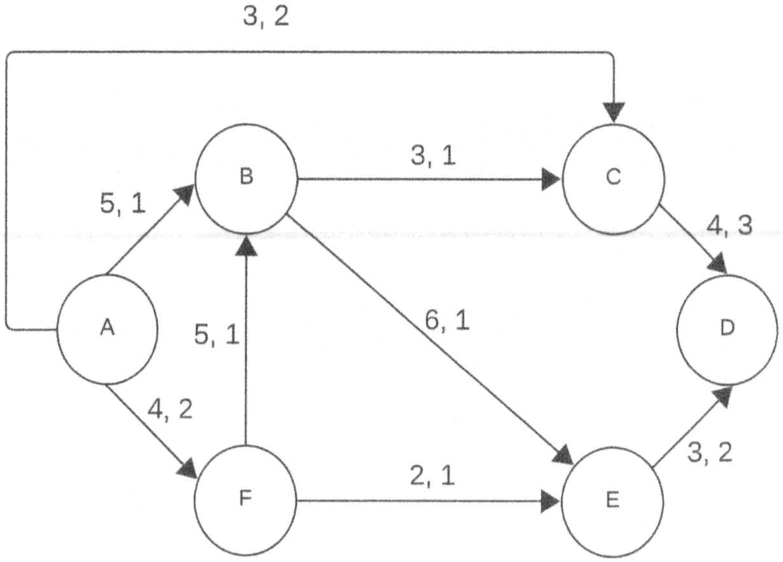

Fonte: Elaborada pelo autor.

O fluxo real deve ser sempre menor ou igual à capacidade de cada aresta. Por exemplo, na aresta com notação 4,3 temos uma capacidade de 4 e um fluxo real de 3. Além disso, o valor mínimo de um fluxo real deve ser zero, nunca negativo.

Outra característica do problema é que todo o fluxo que entra em um vértice deve ser igual ao valor do que sai dele mesmo, ou seja:

fluxoSaída (v) = fluxoEntrada (v)

com v pertencendo ao conjunto de vértices de um grafo G.

Já para o vértice inicial do fluxo, no exemplo o A, este possui valor apenas de saída. E o de destino, D, possui apenas valor de entrada, assim sendo, temos:

fluxoSaída (A) = fluxoEntrada (D)

Considerando essas características, o problema consiste em identificar qual é o fluxo máximo existente no grafo a fim de melhorar o fluxo do transporte do elemento por meio dele.

No exemplo anterior, podemos ajustar o fluxo e obter a seguinte variação dos valores do fluxo real:

Figura 8.8: Melhoria na capacidade do fluxo real.

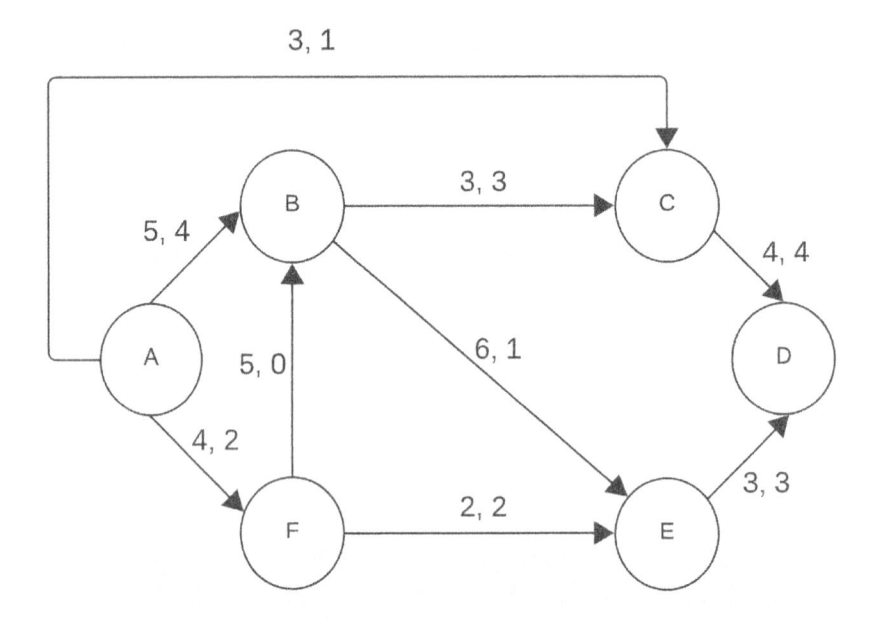

Fonte: Elaborada pelo autor.

Essa solução pode ou não ser a melhor possível. Como forma de abordar esse problema e apresentar uma proposta que pudesse ser empregada em diversas situações, Ford e Fulkerson elaboraram um algoritmo, o qual será visto a seguir.

8.3.1 Algoritmo Ford-Fulkerson

A proposta foi elaborada e apresentada pelos dois matemáticos para a identificação da melhor solução que atenda ao problema do fluxo máximo, podendo ser empregada em diversas situações.

A premissa do algoritmo é considerar o fluxo zerado em cada vértice e aumentá-lo conforme for possível. Por meio desde método, temos podemos identificar um caminho aumentante, no qual pode-se inserir mais fluxo.

Para que isso ocorra, devemos ter uma função para tratar do fluxo, a qual irá inicializar todos os fluxos com zero e então percorrer cada aresta do grafo, selecionando a que possua valor real menor do que a sua capacidade.

Ao percorrer cada aresta, é possível identificar o valor da capacidade residual, que é obtido pela subtração do valor da capacidade da aresta menos o do fluxo real; assim, para toda aresta a pertencente ao conjunto A do grafo G, temos:

$$Cr(a) = C(a) - F(a)$$

Em que:
$Cr(a)$ = Capacidade residual da aresta a;
$C(a)$ = Capacidade da aresta a;
$F(a)$ = Fluxo real da aresta a.

O algoritmo de Ford-Fulkerson considera caminhos não melhorados quando o fluxo real já for o valor igual ao da capacidade, pois a capacidade residual fica igual a zero. A execução do algoritmo deve produzir um grafo residual, podemos então descrever o algoritmo da seguinte forma:
- Vamos considerar o vértice de origem como S e o de destino como T;
- Inicialmente, para toda aresta do grafo G, faça: $F(a) = 0$;
- Gerar o grafo residual G' a partir de G;

- Enquanto existir um caminho aumentante M em G', da origem S até T, faça:
  ◊ buscar aresta com menor peso no caminho aumentante M;
  ◊ atualizar os valores dos fluxos nas arestas referentes em G;
  ◊ atualizar grafo residual G'.

Devemos também levar em conta o seguinte: selecionar arestas cujos ambos os vértices ainda não foram analisados, além disso, somente os caminhos que terminam no vértice T são considerados.

Vamos exemplificar a execução do algoritmo no grafo a seguir:

Figura 8.9: Grafo para exemplo do algoritmo de Ford-Fulkerson.

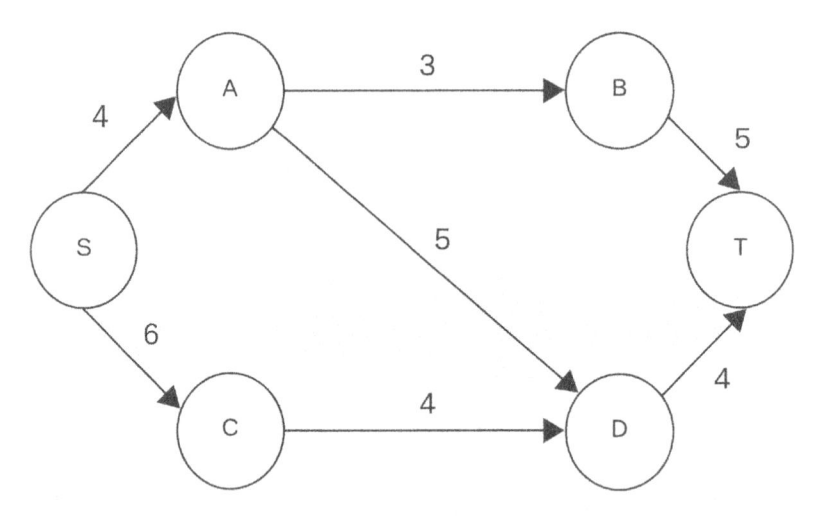

Fonte: Elaborada pelo autor.

Inicialmente todos os fluxos reais são zerados, assim temos:

Figura 8.10: Grafo de Ford-Fulkerson com fluxo real zerado.

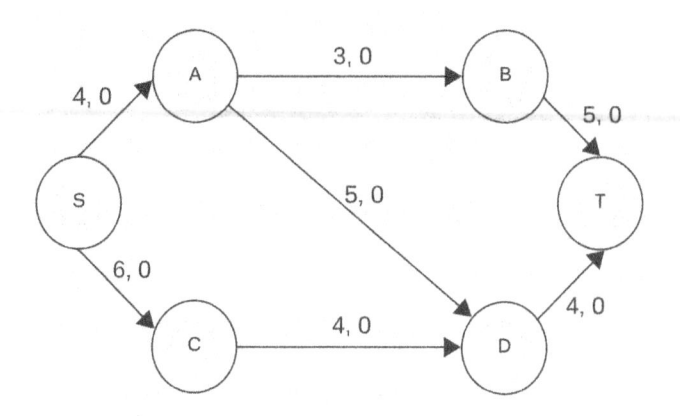

Fonte: Elaborada pelo autor.

Depois se constrói um grafo residual G' que é similar ao G:

Figura 8.11: Grafo residual G'.

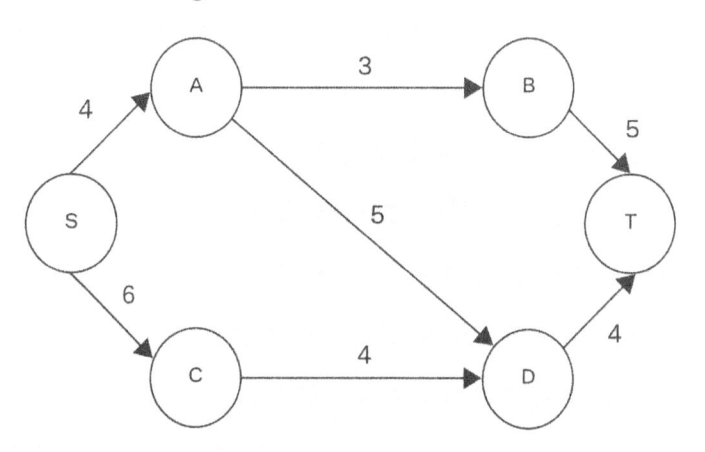

Fonte: Elaborada pelo autor.

Nesse grafo residual devemos procurar um caminho aumentante aleatório, por exemplo:

Figura 8.12: Caminho aumentante aleatório no grafo residual G'.

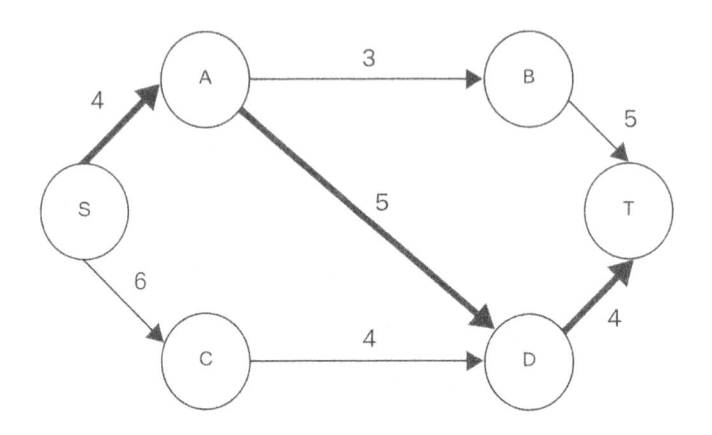

Fonte: Elaborada pelo autor.

Esse caminho aumentante reflete no fluxo do grafo G, assim temos a seguinte situação:

Figura 8.13: Grafo G e grafo residual com caminho aumentante aleatório.

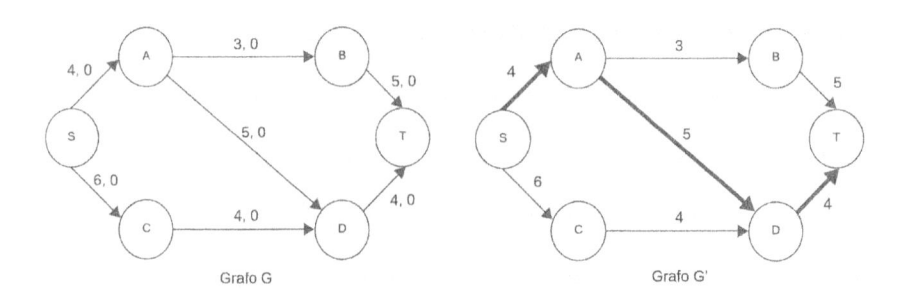

Fonte: Elaborada pelo autor.

Agora devemos procurar o menor valor no caminho, que no caso é 4, e atualizar o fluxo, obtemos:

Figura 8.14: Continuação do caminho aumentante aleatório.

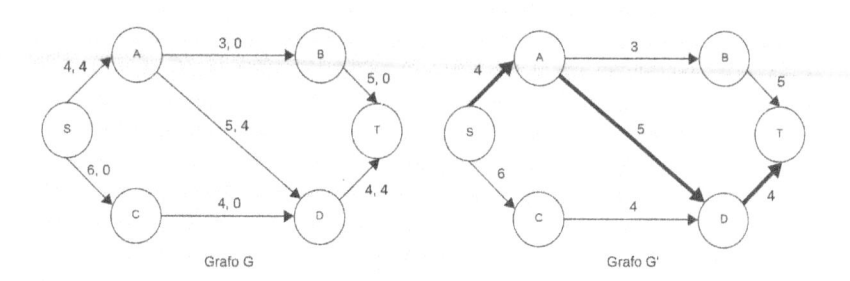

Fonte: Elaborada pelo autor.

A seguir, devemos fazer o caminho inverso utilizando arcos reversos e identificando quando o fluxo é maior que o menor fluxo, nesse caso manter o fluxo maior no sentido atual entre S e T e adicionar a informação diferente entre o fluxo atual e o menor fluxo.

No exemplo, isso ocorre na aresta AD, em que o fluxo é 5 e o menor é o 4, assim temos um valor residual de 1:

Figura 8.15: Caminho reverso do algoritmo.

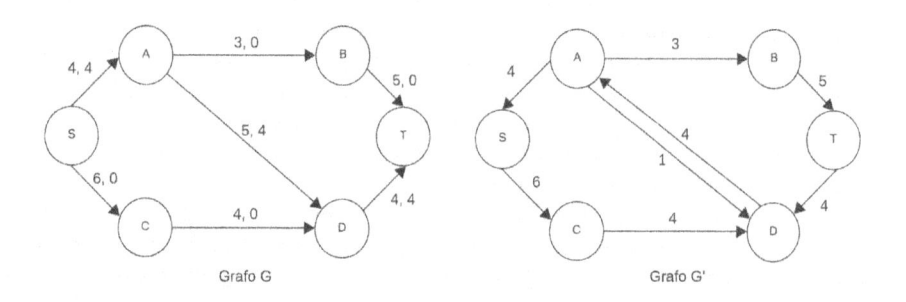

Fonte: Elaborada pelo autor.

Agora no grafo residual G' devemos procurar um novo caminho aumentante aleatório que vá desde S até T, considerando os novos sentidos das arestas já utilizadas e revertidas no passo anterior e a inserção do novo valor do fluxo residual, assim temos:

Figura 8.16: Novo caminho aumentante aleatório.

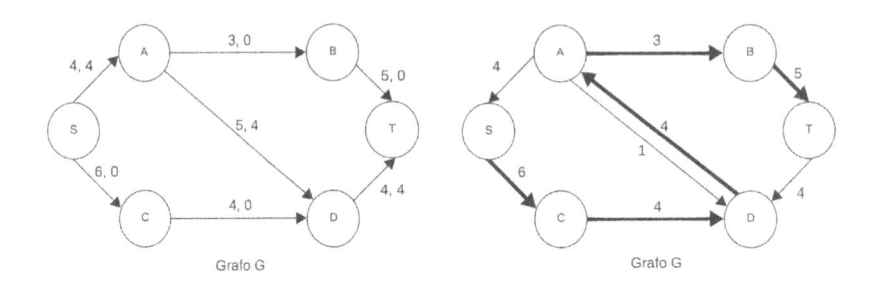

Fonte: Elaborada pelo autor.

Desse novo caminho aleatório, precisamos identificar qual é o valor do menor fluxo, no caso é o 3, existente na aresta AB, assim devemos utilizar esse fluxo no grafo G:

Figura 8.17: Ajuste no grafo G com valor do menor fluxo.

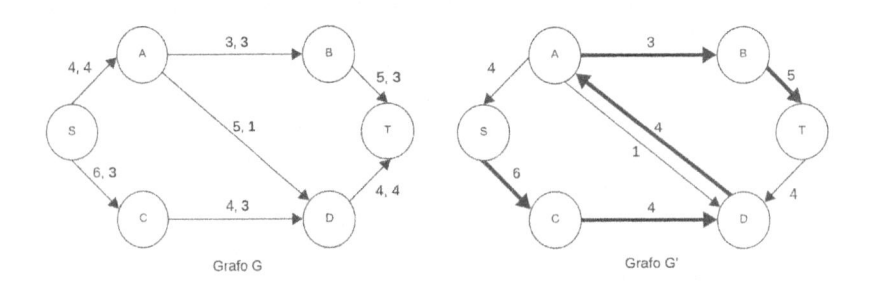

Fonte: Elaborada pelo autor.

Atualizamos o grafo residual considerando o valor de fluxo igual a 3, ou seja, que temos um fluxo reverso de 3, logo com as orientações reversas desse novo caminho, obtemos:

Figura 8.18: Novo grafo residual quanto à orientação dos caminhos.

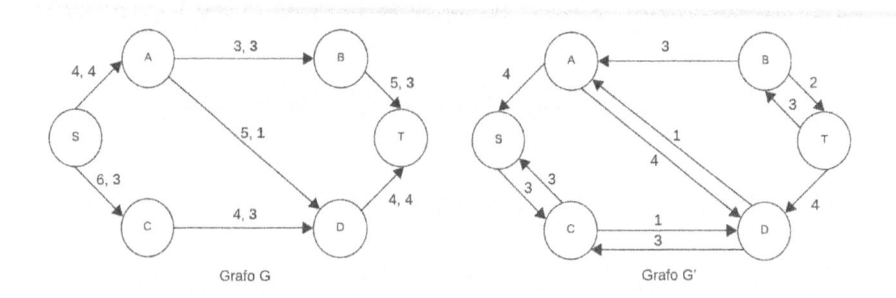

Fonte: Elaborada pelo autor.

Em seguida, devemos procurar um novo caminho no grafo residual, que vá do vértice S até o T, o novo caminho identificado é:

Figura 8.19: Novo caminho no grafo G'.

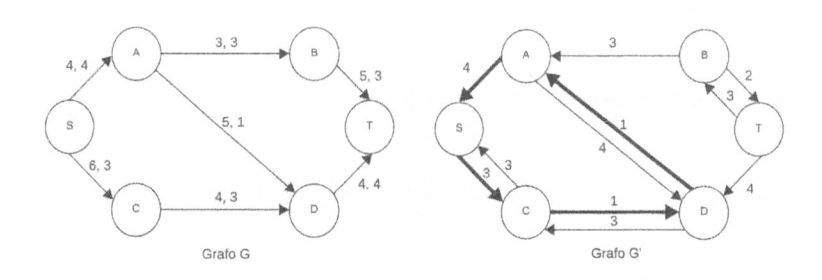

Fonte: Elaborada pelo autor.

Esse novo caminho SC – CD – DA – AS não vai até o vértice T, então não é possível utilizá-lo. Dessa forma, encontramos o fluxo máximo, o qual é representado em G:

Figura 8.20: Fluxo máximo encontrado no grafo G.

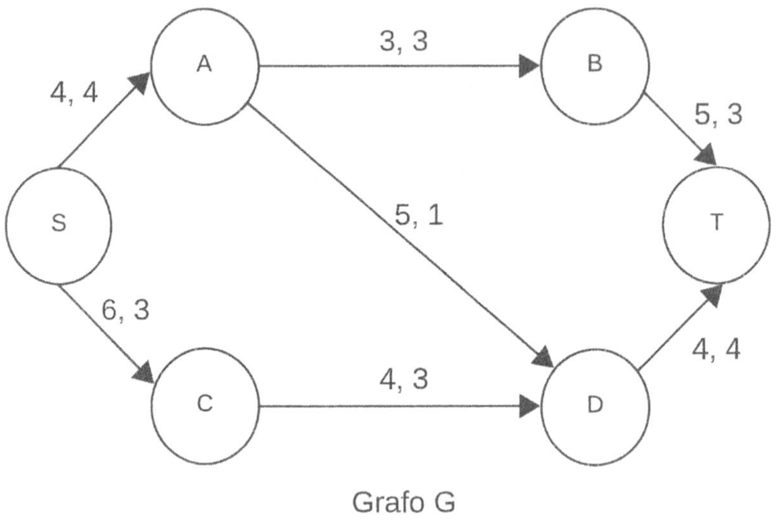

Grafo G

Fonte: Elaborada pelo autor.

Por meio dessa técnica, é possível percorrer todos os grafos de fluxo em rede e identificar qual o melhor caminho a ser seguido e seu fluxo máximo.

8.4 Algoritmo de Christofides para o problema do caixeiro-viajante

Conforme apresentado no capítulo 4, o problema do caixeiro-viajante é muito importante, principalmente devido às possibilidades de uso da proposta de sua solução. Nicos Christofides utiliza conceitos bem mais complexos de grafos, apontando uma solução que, apesar de não ser a ótima, é a que mais se aproxima dela.

A seguir, vamos conhecer o algoritmo proposto por Christofides e depois visualizar seu funcionamento em um exemplo.

Algoritmo para a heurística de Christofides:

Etapa 1: Sendo um grafo G = (V , E), encontre a árvore geradora de custo mínimo T;

Etapa 2: Sendo W o conjunto dos vértices de T que tenham grau ímpar e seja M o emparelhamento perfeito de G (W), ou seja, o subgrafo de G induzido por W;

Etapa 3: Sendo J = E (T) ∪ M o conjunto das arestas de um grafo conexo em que todos os vértices apresentem grau par;

Etapa 4: Se todos os vértices de J tiverem grau 2, logo o algoritmo finaliza e a solução é o grafo em que as arestas são J;

Etapa 5: Se tiver um vértice qualquer com grau, no mínimo, 4 em (V, J), indica que existem arestas uv e vw no grafo que podem ser excluídas de J e em seu lugar adicionar à J a aresta uw; mantendo conexo o subgrafo e que todos os seus vértices tenham grau par. Esse passo é chamado de *shortcut* (atalho) e deve ser repetido até que todos os vértices fiquem com grau 2, ou seja, conectados a duas arestas apenas. Nesse estágio, obteremos a solução.

Veremos um exemplo da heurística de Christofides para melhor compreensão:

Figura 8.21: Grafo para exemplo da heurística de Christofides.

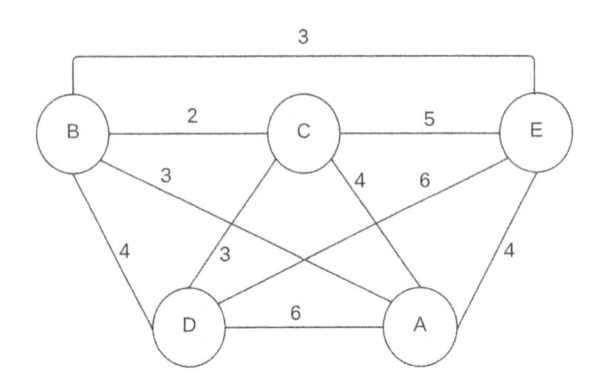

Fonte: Elaborada pelo autor.

Para efetuar a primeira etapa da heurística de Christofides, utilizaremos o algoritmo de Kruskal, assim obtendo a árvore geradora de custo mínimo desse grafo T.

Na figura a seguir, vemos a representação da árvore T obtida pelo algoritmo:

Figura 8.22: Árvore geradora de custo mínimo T, do grafo G.

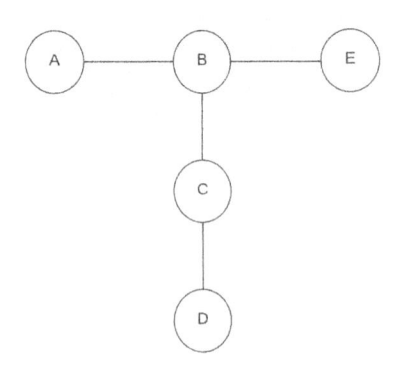

Fonte: Elaborada pelo autor.

Dessa árvore geradora devemos considerar os vértices que tenham grau ímpar:

W = {A, B, D, E}

E a representação de W, o G (W) é igual ao grafo a seguir:

Figura 8.23: Representação de W = G (W).

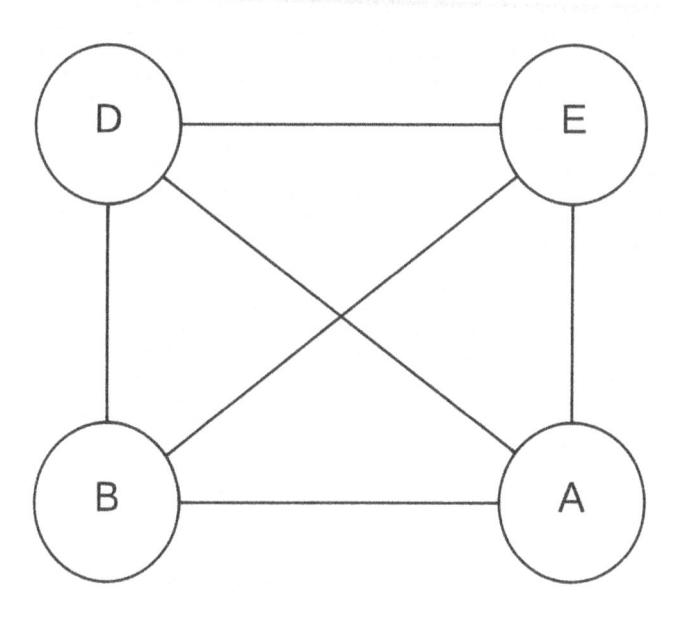

Fonte: Elaborada pelo autor.

Para esse grafo G (W), o emparelhamento perfeito é dado pelo conjunto:

M = {(A, D), (B, E)}

Agora devemos obter o J, calculado por J = E (T) ∪ M, ou seja, é alcançado o conjunto das arestas de um grafo conexo em que todos os vértices devem apresentem grau par.

A representação de J é vista a seguir:

Figura 8.24: Grafo J.

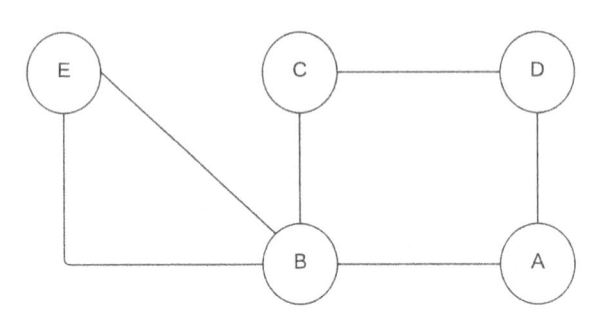

Fonte: Elaborada pelo autor.

Do grafo J pode-se reparar que o vértice B possui cardinalidade 4, isto é, que tem grau 4, então devemos aplicar o *shortcut* no grafo original G. Reproduzimos o J no original G e demarcamos os caminhos encontrados para ficar evidente o *shortcut*.

Figura 8.25: Representação do grafo J no grafo original G.

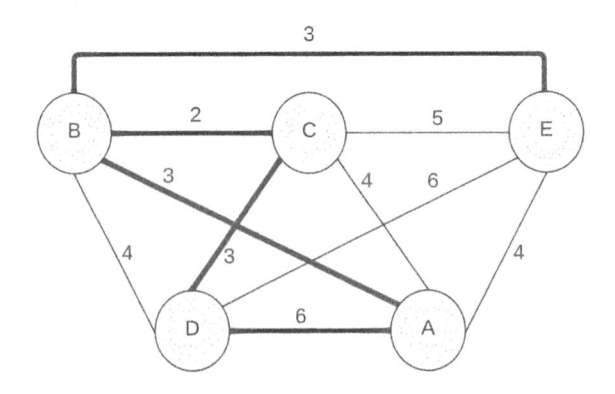

Fonte: Elaborada pelo autor.

Nesse caso, o caminho que pode ser encurtado é o que vai de B para E, pois, este apresenta a possibilidade AB e BE, então podemos retirar essas arestas e encurtar considerando AE, assim obtendo o grafo:

Figura 8.26: Aplicação do shortcut no grafo G.

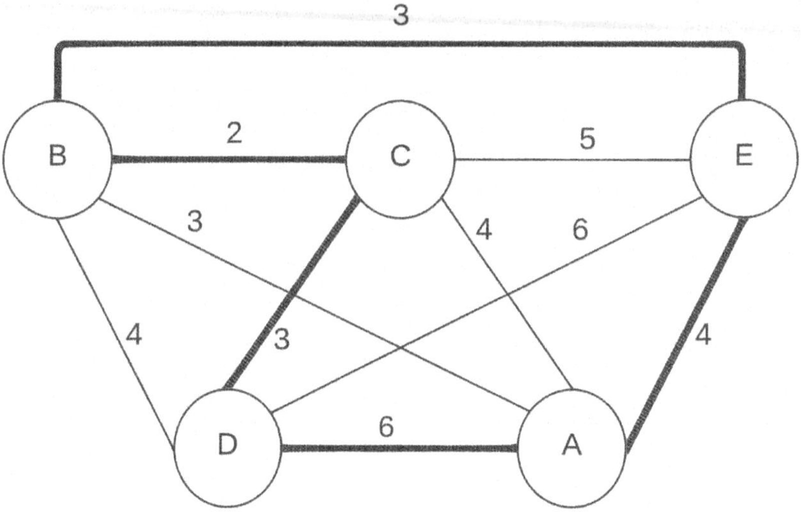

Fonte: Elaborada pelo autor.

Ao aplicar o *shortcut*, agora temos um caminho em que todos os vértices dele possuem grau 2, apresentando, assim, uma solução aceitável, que não é a ótima, porém o resultado é mais eficiente do que o obtido pela aplicação da técnica do vizinho mais próximo.

8.5 Conclusões

Fluxos de redes podem ser aplicados em diversas situações, tais como sistemas de produção ou distribuição de produtos, tráfego urbano, rodovias, sistemas de comunicação, redes elétricas, redes de tubulações entre outras.

Por isso, é importante compreender bem como percorrer um grafo utilizado para fluxo em redes e como obter o fluxo máximo. Esse tipo de problema deve ser tratado com grafos orientados ponderados, possibilitando inúmeras possibilidades de uso.

A aplicação do fluxo em redes é um problema bem resolvido dos grafos, ampliando o potencial de uso. Muitas vezes a questão maior é na modelagem do problema para conseguir tratar utilizando grafos.

Uma vez definida corretamente qual a melhor abordagem, grande parte dos estudos de grafos ficam bem definidos, exigindo apenas aplicar os algoritmos e técnicas correspondentes.

REFERÊNCIAS

AGÊNCIA IBGE NOTÍCIAS. *IBGE lança nova edição do Mapa Político do Brasil*. Disponível em: <https://agenciadenoticias.ibge.gov.br/agencia-noticias/2012-agencia-de-noticias/noticias/35012-ibge-lanca-nova-edicao-do-mapa-politico-do-brasil>. Acesso em: 26 abr. 2024.

BOAVENTURA NETTO, Paulo Oswaldo. *Grafos: teoria, modelos, algoritmos*. São Paulo: Edgard Blücher, 2003. 314 p.

BONDY, John Adrian; MURTY, Rama. Graph theory. (Graduate texts in mathematics). New York: Springer, 2008. 657 p. ISBN 978-1-84628-969-9.

BRASIL. Mapa do Brasil. Ouvidoria. Disponível em: <https://www.gov.br/ouvidorias/pt-br/imagens/brasil.png/view>. Acesso em: 26 abr. 2024.

CORMEN, Thomas. H.; LEISERSON, Charles Eric; RIVEST, Ronald; STEIN, Clifford. *Algoritmos: teoria e prática*. 2.ed. Rio de Janeiro: Campus, 2002.

DAVANTEL, Caio Vinicius; FAGUNDES, Fabiano. Caracterização da rede de coautoria dos cursos de ciência da computação, sistemas de informação e engenharia de software do CEULP/ULBRA a partir da plataforma Lattes. *In*: Conferência: XXI Jornada de Iniciação Científica do CEULP/ULBRA. 2021.

DIESTEL, Reinhard. *Graph theory*. 3 ed. New York: Springer, 2006.

EASTON, John. *Optimised Analysis and Visualisation of Metabolic Data Using Graph Theoretical Approaches*. University of Birmingham, UK, 2009.

GOLDBARG, Marco Cesar; GOLDBARG, Elizabeth. *Grafos: Conceitos, Algoritmos e Aplicações*. Editora Campus, 2012.

LUKOŠEVIČIUS, V. *Lithuania Minor and Prussia on the old maps* (1525–1808), Geodesy and Cartography 39(1): 23–39. Disponível em: https://doi.org/10.3846/20296991.2013.786872.

NEGREIROS GOMES, M. J. et al. *O problema do carteiro chinês, algoritmos exatos e um ambiente MVI para análise de suas instâncias: sistema XNES*. Pesquisa Operacional, 29 (2) p. 323–363. 2009. Disponível em: https://www.scielo.br/j/pope/a/Ck9Cxb3WCgBq7XkSR6L3PDJ/?lang=pt&format=pdf. Acesso em: 29 abr. 2024.

NICOLETTI, Maria do Carmo. *Fundamentos da teoria dos grafos para computação*. São Paulo: EdUFSCar, 2011. 227 p.

SANTOS, Bruno C. S. *A importância do design para tornar as redes sociais mais interativas*. Texto Livre: Linguagem e Tecnologia. v. 6, n. 1, p. 150-164, 2013. DOI: 10.17851/1983-3652.6.1.150-164. Disponível em: https://periodicos.ufmg.br/index.php/textolivre/article/view/16637. Acesso em: 29 abr. 2024.

SEDGEWICK, Robert. *Algorithms in C:* part 5 – graph algorithms. New Jersey: Addison-Wesley, 2007. 482 p. ISBN 978-0-201-31663-6.